面向数字化时代高等学校计算机系列教材

U0236451

C语言程序设计基础

微课视频版

唐文静 梁胤程 朱强 主编

清华大学出版社

北京

内 容 简 介

本书案例丰富、启发性强，以实践应用为主，以程序设计思想与方法的传授为中心，系统、全面地介绍 C 语言各种语法成分的语义和用法。全书共 10 章，主要包括程序设计概述、数据类型、运算符与表达式、程序的控制结构、函数、数组、指针、结构体与共用体、文件操作等内容。

本书通过渐进式案例和拓展思考案例提高读者的程序设计能力，同时结合丰富的程序设计人物故事、现代计算机技术、思想政治教育，从而达到知识、能力、素质共同提升的目的。本书程序调试和运行环境为 Dev-C++ 5.11。

本书可作为高等院校计算机类相关专业的"C 语言程序设计"课程的教材，也可作为各类计算机基础程序设计的培训教材，并可作为相关行业技术人员的参考用书。

版权所有，侵权必究。举报：010-62782989，beiqinquan@tup.tsinghua.edu.cn。

图书在版编目（CIP）数据

C 语言程序设计基础：微课视频版 / 唐文静，梁胤程，朱强主编. -- 北京：清华大学出版社，2025. 2.（面向数字化时代高等学校计算机系列教材）. -- ISBN 978-7-302-68405-3

Ⅰ. TP312.8

中国国家版本馆 CIP 数据核字第 2025CJ2259 号

策划编辑：魏江江
责任编辑：葛鹏程　薛　阳
封面设计：刘　键
责任校对：郝美丽
责任印制：曹婉颖

出版发行：清华大学出版社
　　　　网　　　址：https://www.tup.com.cn, https://www.wqxuetang.com
　　　　地　　　址：北京清华大学学研大厦 A 座　　　邮　　编：100084
　　　　社 总 机：010-83470000　　　　　　　　　邮　　购：010-62786544
　　　　投稿与读者服务：010-62776969, c-service@tup.tsinghua.edu.cn
　　　　质量反馈：010-62772015, zhiliang@tup.tsinghua.edu.cn
　　　　课件下载：https://www.tup.com.cn, 010-83470236
印 装 者：三河市少明印务有限公司
经　　销：全国新华书店
开　　本：185mm×260mm　　　印　张：13.75　　　　　　字　　数：352 千字
版　　次：2025 年 2 月第 1 版　　　　　　　　　　　　印　　次：2025 年 2 月第 1 次印刷
印　　数：1～1500
定　　价：49.80 元

产品编号：107025-01

前言

党的二十大报告指出：教育、科技、人才是全面建设社会主义现代化国家的基础性、战略性支撑。必须坚持科技是第一生产力、人才是第一资源、创新是第一动力，深入实施科教兴国战略、人才强国战略、创新驱动发展战略，这三大战略共同服务于创新型国家的建设。高等教育与经济社会发展紧密相连，对促进就业创业、助力经济社会发展、增进人民福祉具有重要意义。

在学习程序设计之前，必然要掌握一门计算机语言。C语言是当今最有生命力的高级程序设计语言之一，它简洁、表达能力强、可移植性好且用途广泛。通常将C语言作为大学的第一门计算机语言进行学习，这样不仅能系统地学习程序设计的基本思想和方法，而且对今后的工作也会有很大帮助。选择C语言的主要原因如下。

（1）学习C语言程序设计是培养学生创新精神和实践能力的重要途径之一，符合国家对于STEM（科学、技术、工程和数学）教育的倡导，以及《习近平新时代中国特色社会主义思想教育实施纲要》中对于培养创新型人才的要求。

（2）学习C语言程序设计是适应社会发展需求、提升就业竞争力的必要技能之一，符合国家对高素质人才培养的要求，也与《中长期教育改革和发展规划纲要（2010—2020年）》中提出的"以就业为导向"理念相契合。

（3）学习C语言程序设计是推进基础教育与高等教育衔接，促进教育质量提升的重要举措之一，有助于培养学生的逻辑思维能力和问题解决能力，为高等教育阶段的深造和研究打下坚实的基础。

本书适合程序设计的初学者和想更深入了解C语言的读者。本书将挖掘程序设计中最基本的思想和方法，以C语言为工具进行描述，却不拘泥于C语言。培养读者具有灵活应用这些思想和方法的能力，同时，兼顾学习的实用性、价值性和趣味性。具体来说，本书特色如下。

（1）注重由浅入深地进行程序设计思想、方法和技巧的传授。例如，大部分例题都设计了"问题分析"，引导读者养成分析的好习惯，利于提高读者程序设计能力；设计渐进式案例（如章间的知识传递与扩展、章内的题目拓展等），以"代码分析"形式强调代码技巧，使读者在掌握基本语法的基础上解决复杂问题。

（2）注重拓展读者思维和培养解决问题的能力。每个例题都会给出"拓展思考"部分，读者可以结合所讲例题思考后写出解决问题的代码，既增加了学习的信心，又提高了程序设计能力。

（3）将程序设计技术与思想政治教育结合，旨在培养读者综合素质，使读者树立正确价值观。通过深入浅出的案例分析和理论讲解，引导读者积极探索计算机科学与社会主义核心价值观的相互融合，促进读者全面发展和正确价值观的塑造。

（4）融入数字化资源。例如，每章提供带有思维导图的小结，帮助读者快速梳理总结每章的知识；有难度的题目提供讲解视频，方便读者利用碎片时间学习与提高，满足个性化学习的需求。

（5）编写时注重可读性与可用性、增加趣味性。各章关键语法处设置 Tips，指导读者阅读，使读者很快抓住重点。各章结尾加入阅读故事或程序设计的关键技术发展，使读者了解程序设计的发展且感受伟人的魅力，从而拓宽视野并提高学习兴趣。

为便于教学，本书提供丰富的配套资源，包括教学课件、电子教案、教学大纲、程序源码、习题答案、拓展阅读、在线作业和微课视频。

资源下载提示

数据文件：扫描目录上方的二维码下载。

在线作业：扫描封底的作业系统二维码，登录网站在线做题及查看答案。

微课视频：扫描封底的文泉云盘防盗码，再扫描书中相应章节的视频讲解二维码，可以在线学习。

全书统稿工作由唐文静负责，第 1～6 章及附录由唐文静编写，第 7、8 章由梁胤程编写，第 9、10 章由朱强编写。全书的例题讲解视频由鲁东大学信息与电气工程学院的郭丰凯、王旭栋、王思慧、刘翔同学完成，在此表示感谢。感谢我的家人、张玉玲副院长和相关同事，在他们的支持鼓励下才能顺利完成本书的撰写工作。在本书的编写过程中，参阅了诸多同行的著作，在此不再一一列举，一并向他们致以谢意。

由于时间仓促，加之作者水平有限，错误之处在所难免，恳请读者批评指正。

作　者

2025 年 1 月

资源下载

目录

第 3 章 选择结构

第 4 章 循环结构

第 5 章 函数

第6章 数组

第7章 指针

第8章 结构体与共用体

第9章 编译预处理

第10章 文件

1.1 程序与程序设计语言

计算机系统由硬件和软件两部分组成,硬件提供了一个具有广泛通用性的计算平台,计算机的具体功能和应用领域主要取决于它的软件系统。程序是软件的主要表现形式,程序设计是软件实现的主要手段,程序设计语言是程序设计的基本工具。

▶ 1.1.1 程序与程序设计

程序是用计算机程序设计语言编写的,最终能够在计算机上运行的指令序列。计算机执行的每一个操作,都是按预先设定好的指令完成的。例如,当使用手机上的导航应用寻找最短路线时,这个过程涉及计算机程序的执行。具体包括在手机导航应用程序中输入目的地地址,手机应用程序会将这个地址发送给服务器,在后台进行处理,服务器上的计算机程序接收到地址信息后,根据地图数据和路况信息进行路径规划,计算出最佳路线,将最佳路线返回给手机应用程序,手机屏幕上显示的最佳路线,包括道路名称、转弯提示和预计到达时间等信息。这个例子展示了计算机程序如何处理输入数据(目的地地址),执行数据处理和算法计算,并输出结果(最短路线)的过程。计算机程序起到快速、准确地获取导航信息的作用。

程序设计是指通过使用计算机程序设计语言,编写一系列的指令和算法来解决问题或完成特定任务的过程,包括分析问题、设计算法、编写代码和编译调试几个阶段。可见,程序设计不只是一个编写程序代码的过程,还是一个逻辑性与创造性结合的过程,需要读者理解问题的本质、分析解决方案,并将其转化为计算机可执行的指令。通过程序设计,能够实现各种各样的应用和解决复杂的问题。

【素质拓展】 家国情怀

讨论生活中与程序相关的软件(如学校食堂的自助餐软件),可以激发学生学习程序的兴趣,引导学生认识编程技术对生活的便利作用和对提升国家实力的重要作用,从而激励学生奋发学习并追求职业理想和树立信念。

▶ 1.1.2 计算机程序设计语言

计算机程序设计语言是人与计算机交流的工具,用来向计算机发出指令,使得计算机能够准确完成解决特定问题设定的步骤。计算机程序设计语言的发展,经历机器语言、汇编语言到高级语言的时期。

1. 机器语言

在计算机技术的初期阶段,人们只能用机器指令给计算机编写程序,这种用机器指令编写的程序称为机器语言程序。机器语言是一种直接由计算机硬件执行的低级语言,是二进制形式的指令集合,告诉计算机执行特定的操作和任务。

不同种类的计算机有不同的指令系统，在一种计算机上编写的机器语言程序不能在另一种计算机上运行，因此用机器语言编写的程序通用性差。此外，二进制的机器指令很难记忆，用二进制编码组成的程序也很难阅读和编写。

2. 汇编语言

汇编语言是一种低级程序设计语言，它使用助记符代表机器指令，相比于机器语言更具可读性和可理解性。比如，用 ADD 表示加法（addition）指令，用 SUB 表示减法（subtraction）指令，用 MOV 表示传递（move）数据指令等。另外，用变量名称表示保存数据的内存单元，不需要在程序代码中指定数据所在的具体的内存单元地址，这为编写和调试程序提供了极大的方便。

汇编语言的指令与机器指令基本上是一一对应的，不同种类计算机的汇编语言也不相同，因此用汇编语言编写的程序仍然存在着通用性差的问题。汇编语言在某些特定领域仍然被使用，比如，嵌入式系统和低级图形编程。但随着高级语言的发展，汇编语言的应用范围逐渐减少。

3. 高级语言

高级语言是相对于低级语言（如机器语言和汇编语言）而言的一种程序设计语言。1954年，科学家发明了第 1 种被称为高级语言的 Fortran 程序设计语言。与低级语言相比，高级语言更加抽象、易读、易写，并且更注重解决问题的逻辑和算法，而非底层硬件的细节。

高级语言种类很多，有面向过程的高级语言，如 Fortran，C 等，它们注重过程与函数，可以直接操作内存，强调结构化编程，即通过使用顺序、选择和循环结构来组织代码，使程序更加清晰、易于理解和维护；还有面向对象的高级语言，如 Java，Python 等，它们通过类和对象的概念来组织和管理代码，使代码具有较好的可读性和可维护性。

高级语言用于很多应用领域和场景，包括软件开发、数据分析与科学计算、网络编程、游戏开发、嵌入式系统等，除此之外，还应用于人工智能、大数据处理、图像处理、自然语言处理、区块链等领域。

1.2　程序设计基础知识

程序是计算机完成各项复杂工作的基础，人们通过程序规定计算机完成各项工作。那么，一个程序中应包含哪些信息？1976 年，瑞士计算机科学家尼科劳斯·沃斯（Niklaus Wirth）首次提出：

$$程序＝数据结构＋算法$$

这个等式强调了算法和数据结构在程序设计中的重要性，给出了一个程序主要包括两方面的信息：

（1）数据结构：对数据的描述，在程序中指定数据的类型和数据的组织形式；

（2）算法：对操作的描述，即解决问题的一系列步骤和方法。

▶ 1.2.1　算法

1. 算法的定义

算法就是为解决特定问题所采取的方法和步骤，解决不同的问题所采用的方法不同。设计程序时，要先根据问题设计出算法，然后把算法转化为一系列解决问题的清晰指令。解决同一问题可能有不同的算法，效率可能大不一样。衡量算法的优劣指标有时间复杂度和空间复杂度。

算法的 5 大特征：

有穷性——一个算法必须保证执行有限步之后结束；

确切性——算法的每一步骤必须有确切的定义；

可行性——原则上算法能够精确地运行；

零个或多个输入——一个算法可以有零个或多个输入；

一个或多个输出——一个算法必须有输出，没有输出的算法就没有意义。

2. 算法的描述

算法可以通过多种工具描述，包括自然语言、流程图、N-S 图、伪代码、计算机语言等。

（1）用流程图表示算法。

流程图是一个描述程序的控制流程和指令执行情况的有向图。用流程图表示的算法直观形象，各种操作一目了然，易于理解。美国国家标准协会（ANSI）规定的常用流程图符号已经为世界各国普遍采用，如图 1.1 所示。

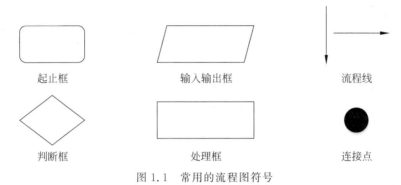

图 1.1 常用的流程图符号

【例 1.1】 求 3 个数中的最大数。

【问题描述】 用流程图表示求 3 个数中最大数的算法，如图 1.2 所示。

【问题分析】 使用流程图描述算法。

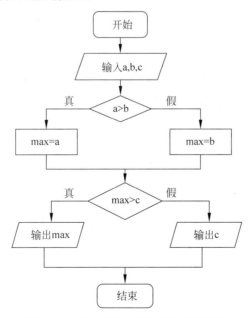

图 1.2 求 3 个数中的最大数的流程图

【拓展思考】　用流程图表示求 3 个数中的最小数的算法。

（2）用 N-S 图表示算法。

N-S 图是由美国人 I. Nassi 和 B. Shneiderman 共同提出的,它取消了流程线,算法只能从上到下顺序执行,从而避免了零乱的转向,保证了程序的可读性。与流程图相比,N-S 图既形象又直观,比较节省篇幅。

【例 1.2】　求 3 个数中的最大数。

【问题描述】　用 N-S 图表示求 3 个数中最大数的算法,如图 1.3 所示。

【问题分析】　使用 N-S 图描述算法。

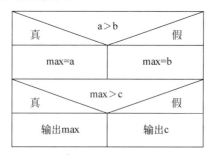

图 1.3　求 3 个数中的最大数的 N-S 图表示

【拓展思考】　用 N-S 图表示求 4 个数中最大数的算法。

（3）用伪代码表示算法。

伪代码使用介于自然语言和计算机语言之间的文字和符号来描述算法。它比自然语言更精确、简洁,更容易转换为计算机语言。

【例 1.3】　求 3 个数中的最大数。

【问题描述】　用伪代码表示求 3 个数中的最大数的算法。

【问题分析】　使用伪代码描述算法。

```
输入 a,b,c;
if(a > b)
        max = a;
else
        max = b;
if(max > c)
    输出 max;
else
    输出 c;
```

【拓展思考】　用伪码表示求更多数中的最大值的算法。

▶ 1.2.2　数据结构

数据结构即计算机存储、组织数据的方式。数据结构与算法密不可分,两者相辅相成。数据结构为算法提供基础,正确选择和使用数据结构可以使算法更加高效;算法依赖于数据结构的操作,算法的设计与实现通常涉及对数据结构的操作。在程序设计中,合理地选择和使用数据结构,并配以合适的算法,可以实现高效、可扩展和可维护的程序。

1.3　C 语言简介

▶ 1.3.1　C 语言的发展及特点

　　C 语言的发展可以追溯到 20 世纪 70 年代初,由美国计算机科学家丹尼斯·里奇(Dennis Ritchie)在贝尔实验室开发,他参考了早期的 B 语言,对其进行了改进和扩展,于 1972 年左右形成了 C 语言的雏形。在接下来的几年中,里奇和他的团队继续对 C 语言进行改进和完善,并将其应用于 UNIX 操作系统的开发过程中。随着 UNIX 操作系统的广泛使用,C 语言也逐渐流行起来。1978 年,布莱恩·克尼汉(Brian Kernighan)和丹尼斯·里奇出版了 *The C Programming Language* 一书,这本经典的教材进一步推动了 C 语言的普及和应用。在之后的几十年里,C 语言逐渐成为学术界和工业界最受欢迎的编程语言之一。C 语言被广泛应用于系统开发、嵌入式系统、操作系统、编译器和网络通信等领域。许多重要的软件和操作系统,如 UNIX、Linux 和 Windows,都是使用 C 语言开发的。

　　C 语言成为人们喜爱的计算机编程语言之一,这与它本身的特点是分不开的。

　　(1) C 语言简洁高效,使用方便灵活。C 语言提供了 32 个关键字,9 种控制语句,程序书写形式自由,语法限制少。其中,C 语言的关键字如下,这些关键字有其特定含义,用在特定地方,不能挪作他用。

```
auto break case char const continue default do double else enum extern float for goto if int long
register return short signed sizeof static struct switch typedef union unsigned void volatile
while
```

　　(2) 数据类型、运算符丰富,数据处理能力强。C 语言提供了丰富的数据类型和运算符,使得程序员能以直接的方式表达复杂的计算和操作,并能够高效地利用计算机的资源。

　　(3) 具有高效的函数调用机制。C 语言是一种结构化的程序设计语言,具有结构化的控制语句,并用函数作为程序的模块单位,易于维护和扩展。同时,C 语言的函数调用开销较小,在编写性能要求较高的程序时非常有优势。

　　(4) 具有丰富的标准库。C 语言标准库提供了大量常用的函数和数据类型,如输入输出、字符串处理、数学运算等。这些标准库函数使用方便而稳定,可以快速地完成各种常见的任务,同时也为开发者提供了方便的工具和接口。

　　(5) 底层控制能力强。C 语言允许直接访问物理地址,能进行位(bit)操作,实现汇编语言的大部分功能,还可以直接对硬件进行操作,使得 C 语言非常适合处理与硬件相关的任务,如设备驱动程序和系统级编程等。

　　(6) 可移植性好(与汇编语言相比)。源代码基本上不做修改,经过重新编译,就能够用于各种操作系统。

　　C 语言也有不足之处。例如,C 语言的语法限制不太严格,在增加程序设计灵活性的同时,一定程度上降低了安全性,这就对程序设计人员提出了更高的要求。

▶ 1.3.2　C 语言程序的基本结构

　　下面介绍两个较简单的 C 语言程序,以此来了解 C 语言的特点和 C 语言程序的基本结构。

【例 1.4】 **Welcome to C world！**

【问题描述】 在屏幕上输出以下信息：Welcome to C world！

【问题分析】 本题主要说明 C 语言程序的基本架构。

【参考代码】

```
# include < stdio. h>              //编译预处理命令
int main()                        //主函数定义,C99 标准中主函数的返回值为整型
{//函数开始标志
  printf("Welcome to C world!\n"); //用 printf()函数输出指定的信息
  return 0;                        //函数执行完毕,返回函数值 0
}                                  //函数结束标志
```

【例 1.5】 **交换变量的值。**

【问题描述】 交换两个变量的值,并在屏幕上输出结果。

【问题分析】 本题主要说明 C 语言程序如何自定义函数。

【参考代码】

```
# include < stdio. h>              //编译预处理命令
void Swap(int x,int y)            //函数定义,函数首部
{                                 //函数体
  int t;                          //定义变量 t
  t = x;x = y;y = t;              //交换变量 x,y 的值
}
int main()                        //主函数定义
{
  int a = 3,b = 4;                //设置变量 a,b 的初值
  Swap(a,b);                      //调用函数,交换变量 a,b 的初值
  printf(" %d %d",a,b);           //输出交换后的变量的值
  return 0;
}
```

【代码分析】 (1) 以上两个程序都是从编译预处理命令开始,♯ include < stdio. h >的作用是从标准库中查找 stdio. h 文件以提供输入输出函数的相关信息,如果写成 ♯ include "stdio. h"则表示从当前的工程目录下开始查找。

(2) 以"//"开始、以换行符结束的内容表示注释,只能表示一行,方便自己和别人理解程序各部分的作用,C 语言中也可把注释的内容放在"/ * "和" * /"之间,可表示多行。

(3) 接下来在两个程序中看到 C 语言程序都有且仅有一个主函数 main(),函数是构成 C语言程序的基本单位。

(4) 在例 1.5 中除了主函数外,还有其他的函数,如 Swap()函数,C 语言程序由一个或多个函数构成。不管是 main()函数,还是其他函数,其结构一般如下:

```
返回值类型 函数名(参数列表){
    函数体
}
```

函数中可以调用其他函数。例如,例 1.5 中 main()函数调用自定义函数 Swap()函数,自定义函数是具备一定功能,被程序员编写能被重复调用的一组代码块。Swap()函数的定义在main()函数之前,否则要在 main()函数中对 Swap()函数进行声明,即在 main()函数中调用Swap()之前加上声明语句 void Swap(int x,int y);。每条语句以分号结尾。

(5) 一个 C 语言程序总是从 main()函数开始执行,至 main()函数的最后一句结束。

(6) C 语言本身没有输入输出语句,它对输入输出实行"函数化",由相应的库函数完成,如 scanf()和 printf()。例 1.4 和例 1.5 中都是通过 printf()函数输出结果。C 语言中函数分

为两种,自定义函数和库函数,库函数是 C 编译系统提供的,如标准输入输出函数 scanf()和 printf()等,它们的定义存储在 stdio.h 文件中。因此当要调用 printf()函数、scanf()函数时需要在程序的开头加上一条编译预处理命令"♯include < stdio.h >"。

(7) 用 C 语言编程时,最好每行写一条语句,注意缩进、对齐、加注释,养成良好的编程风格,使得程序结构清晰,可读性强,方便排错、调试、修改。

【素质拓展】 严谨认真

通过编写程序,让学生深刻领悟到即使是一个微小的疏忽,如标点符号的错误,都可能导致整个程序无法正常运行或得不到正确的结果。借此提醒大家今后对待工作要保持严谨认真的态度。

Tips

① ♯include < stdio.h >是 C 语言的编译预处理命令,用于包含标准输入输出的库函数,以便在程序中使用这些函数进行输入和输出操作。

② C 语言可以有多个函数,但有且仅有一个主函数 main()。

③ 分号是语句结束标记。

④ //是单行注释符号,/ ∗ 和 ∗ /是多行注释符号。

1.4 C 语言程序的生成过程及开发环境

▶ 1.4.1 C 语言程序生成过程

在完成对问题的分析和解题构思之后,C 语言程序的生成包括创建源程序文件、编译生成可执行文件、运行可执行文件和调试程序。图 1.4 展示了这个工作过程。

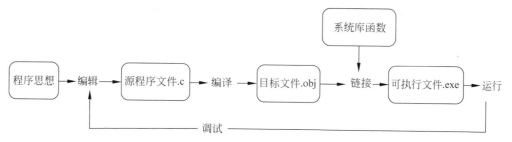

图 1.4 C 语言程序的生成过程

编辑是使用编辑工具把 C 语言程序代码输入到源程序文件中,可以用记事本、UltraEdit 等编辑器编辑 C 语言源程序,也可以使用 C 语言集成程序开发环境中自带的编辑器。源程序为.c。

在建立了源程序文件后,需要调用编译器对它进行编译,在编译器没有报错的情况下生成后缀为.obj 的目标文件,编译完成。如果编写的代码有问题,通常指语法错误,那么编译器就会报错,并停止编译。当遇到编译器给出错误提示时,就要分析出错的原因,重新修改代码后,再重新编译。如此往复,直到编译成功为止。

编译成功的.obj 文件与相关的库函数链接装配生成后缀为.exe 的可执行文件,该文件中都是可执行代码,也就是机器语言代码,此时可以在计算机上运行程序。在程序崩溃或产生错误结果的情况下,需要对程序进行调试和修改,以实现预期的运行目标。

▶ 1.4.2 C语言程序开发环境 Microsoft Visual C++ 6.0

为了规划并简化编程方法，提高编程效率，当前大多数编程软件已经将编辑程序、编译程序、链接程序以及多种工具软件融合在一起，形成了一个更加实用方便的集成程序开发环境。本节要介绍的 Microsoft Visual C++ 6.0(VC++ 6.0)就是一个集成程序开发环境。

1．VC++ 6.0开发环境介绍

（1）启动 VC++ 6.0：在 Windows 操作系统中，选择"开始"→"程序"→Microsoft Visual Studio 6.0→Microsoft Visual C++ 6.0，进入 VC++ 6.0 集成开发环境。启动后的窗口如图 1.5 所示。

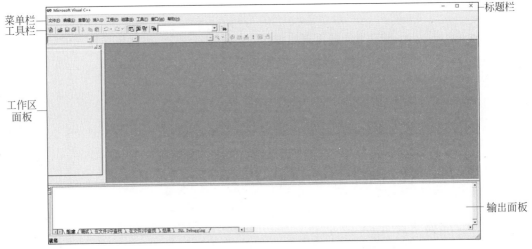

图 1.5　VC++ 6.0 窗口

（2）建立工程：选择"文件"→"新建"命令，打开"新建"对话框，进入"工程"选项卡，选择工程类型为 Win32 Console Application，即 Win32 控制台应用程序。所有的程序必须依托在工程下才能运行，输入工程名称，设置工程保存位置，如图 1.6 所示。单击"确定"按钮，进入图 1.7 所示的界面，选择"一个空工程"，单击"完成"按钮。

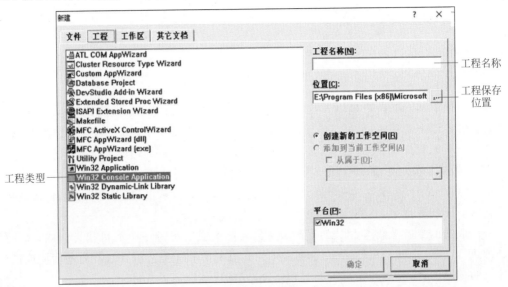

图 1.6　创建工程的对话框

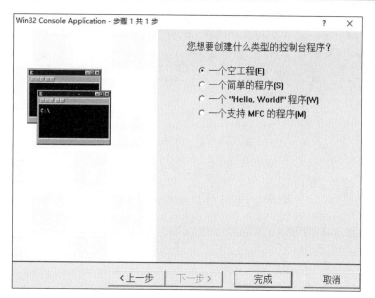

图 1.7　创建一个空工程

（3）建立 C 语言源程序文件：选择"文件"→"新建"命令，打开"新建"对话框，选择"文件"
选项卡，选择 C++ Source File 文件类型；文件保存位置选择为上一步工程保存位置，勾选"添
加到工程"复选框，将文件保存在建立的工程中；在如图 1.8 所示的对话框中对文件进行命
名，如将文件命名为 first.c。C 语言的源程序文件后缀为.c，在命名时，如果省略文件的扩展
名，将默认为.cpp。

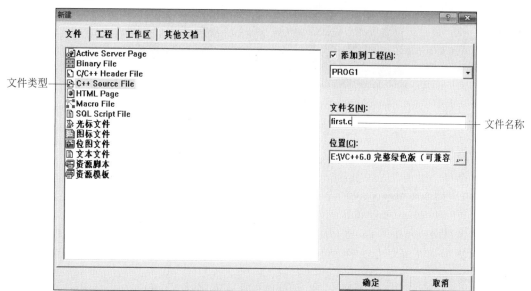

图 1.8　创建文件对话框

（4）编辑程序源文件：单击"确定"按钮，进入 VC++ 6.0 的程序编辑窗口，在编辑程序区
域中输入程序代码，如图 1.9 所示。

（5）编译程序：编辑完成后，单击工具栏中的"编译"按钮 ，编译程序，编译后会在输出
窗口中显示编译信息（如果此时源程序文件有错误，会给出相应错误的提示，应进行调试，否则
无法继续进行下一步操作），编译正确会生成后缀为.obj 的目标文件。

图 1.9　输入程序源文件的内容

（6）链接目标文件：编译后得到的文件是孤立的，仍然不能运行，需要与库文件或程序中的其他文件进行链接，如程序中用到的 printf()函数，它的定义放在库文件中。链接无误后便可生成可执行文件（后缀为.exe 的文件）。单击工具栏中的"链接"按钮 📟，在界面的下方会显示链接信息（如果链接过程有错误，将显示错误原因），链接后将生成.exe 可执行文件。

（7）运行程序：单击"运行"按钮 ❗，运行可执行文件，得到运行结果。图 1.10 给出了图 1.9 中源代码的执行结果。

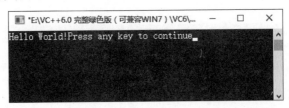

图 1.10　程序运行结果

2．C 语言程序中可能出现的错误

C 语言程序中出现的错误可以分为以下两类。

（1）语法错误：在编译和链接阶段出现的错误称为语法错误，初学者经常会遇到语法错误，修改语法错误主要借助编译器，它会提示错误所在位置及错误的性质和原因。双击输出窗口中的错误原因行，会将光标定位到错误代码行。

（2）逻辑错误：程序可以正常运行，但实际结果与预期结果不同，这种错误称为逻辑错误。逻辑错误的修改主要借助程序调试。

3．调试程序

调试的主要方法有设置断点和单步跟踪两种，这两种方法都要借助观察变量，VC++ 6.0 环境下设置好断点后按 F5 进入调试程序状态。

（1）设置断点（break point setting）：可以在程序的任何一个语句上设置断点标记，VC++ 6.0 环境下按 F9 设置断点，程序会直接运行到断点处并停下来。

（2）单步跟踪（trace step by step）：即一步一步跟踪程序的执行过程，VC++ 6.0 环境下按 F10 进行单步跟踪，如果遇到函数，可按 F11 进入函数内部继续进行跟踪，按 Shift＋F11 组合键退出函数内部的跟踪。

（3）观察变量（variable watching）：当程序运行到断点处并停下来时，观察各个相关变量的值，判断此时变量值是否正确，从而判断出程序是否正确，如果发生错误，说明在该断点处或之前的语句已经出现错误，以此实现对程序错误的定位。

▶ 1.4.3 C语言程序开发环境 Dev-C++

1. Dev-C++ 开发环境介绍

（1）启动 Dev-C++：在 Windows 操作系统中，选择"开始"→"程序"→Bloodshed Dev-C++→Dev-C++，进入 Dev-C++ 集成开发环境。启动后的窗口如图 1.11 所示。

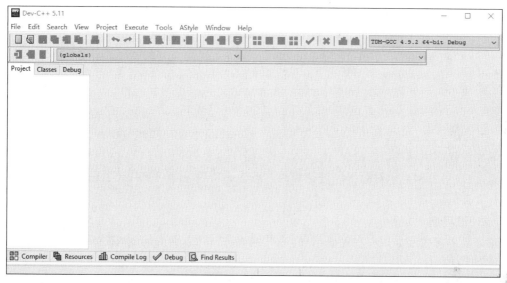

图 1.11 Dev-C++ 窗口

（2）编辑、保存源代码：从主菜单中选择 File→New→Source File 命令，即可进入编辑源代码窗口，如图 1.12 所示。在窗口右侧的白色区域为源程序编辑区域，在此输入程序。输入完成后，在主菜单中选择 File→Save 命令，在弹出的 Save As 对话框中指定文件的存储路径、文件名和文件类型，如图 1.13 所示。

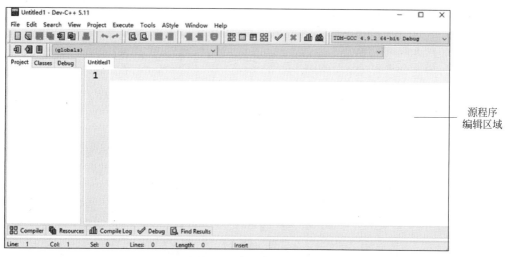

图 1.12 编辑源代码窗口

图 1.13　保存源程序对话框

（3）编译运行：从主菜单中选择 Execute→Compile & Run 命令，或者按 F11 进行编译运行。如果源程序中存在语法错误，则编译失败，编译器会在下方的 Compile Log 面板中显示错误信息，用户可根据提示对源程序进行修改。编译成功后，在源程序的文件夹中会出现同名的可执行文件。

2．调试程序

编译后的源程序如果存在逻辑错误，或其他算法设计方面的问题，需要借助调试来解决。

（1）调试环境设置：从主菜单中选择 Tools→Compiler Options 命令，在弹出的 Compiler Options 对话框中，单击 Settings→Linker 标签，将 Generate debugging information(-g3)设置为 Yes，如图 1.14 所示。

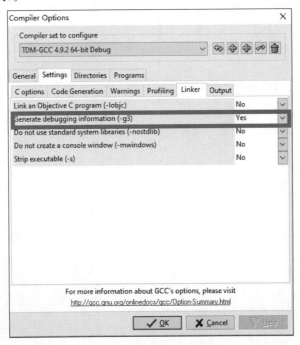

图 1.14　代码调试的设置

（2）断点设置：在需要调试的代码行行首处单击，该行变成红色，此时从主菜单中选择 Execute→Debug 命令，或者按 F5，程序进入调试状态，当运行到断点处，断点所在行的颜色由红色变为蓝色，表示即将执行该行代码，如图 1.15 所示。

（3）单步执行：调试状态下想继续往下单步执行，需要单击调试工具栏 Debug 选项卡中的 Next line 按钮，如图 1.15 所示。

（4）变量监测：调试状态下需要对运行中的变量进行监测时，可以单击调试工具栏 Debug 选项卡中的 Add watch 按钮，在出现的 New Variable Watch 对话框中，输入要监测的变量名，变量结果会显示在窗口的左侧，如图 1.15 所示。

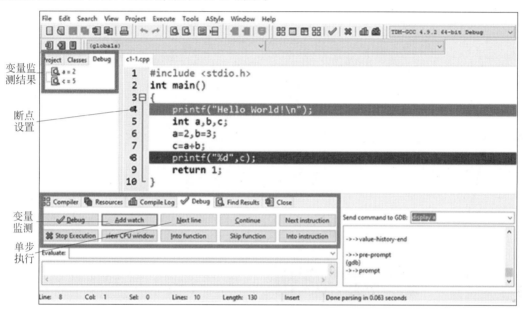

图 1.15　设置断点、单步执行、变量监测

1.5　本章小结

本章所涉及的知识思维导图如图 1.16 所示。在介绍程序与程序设计的基础上探讨了程序设计语言的发展，算法和数据结构的概念，特别是算法的几种描述工具，为后面的学习奠定一定的基础。

C 语言是影响较大、寿命最长的一门计算机高级语言，它既可以用来编写系统软件，也可以用来编写应用软件。它语法紧凑、简洁，数据类型丰富，运算功能强大，高效率的代码和高度的可移植性使它成为编写大型工具软件和硬件控制程序不可替代的一门高级语言。C 语言已被广泛应用于各个领域中。

C 语言程序由一个或多个函数组成，这些函数中必须包含一个名为 main() 的主函数，整个程序由主函数开始执行，一般来说，也以主函数的结束而结束整个程序。C 语言程序的开发基本可以分为四步，即编辑、编译、链接和运行，本书介绍了 C 语言程序的两种开发环境 VC++ 6.0 和 Dev-C++，以及在这两种开发环境下如何进行调试。

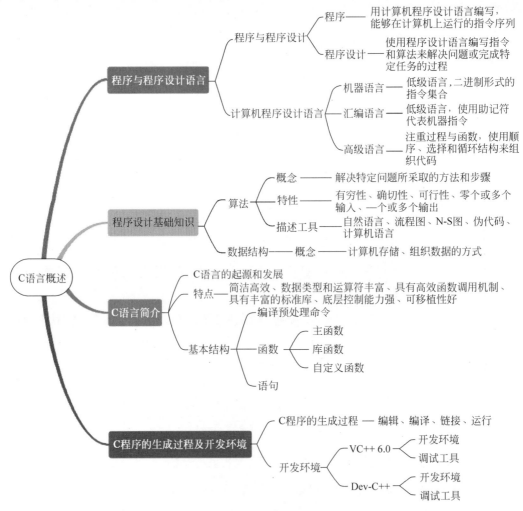

图 1.16　第 1 章思维导图

在线测试

1.6　拓展习题

（1）编写一个程序，输出下列内容。

```
********************************
*        我要努力学好程序设计        *
********************************
```

（2）编写一个程序，输出"This is my first program!"。

（3）小高斯曾经计算出 1~100 的和，请用流程图表示求 a~b 的和的算法。

（4）小高斯曾经计算出 1~100 的和，请用 N-S 图表示求 a~b 的和的算法。

（5）小高斯曾经计算出 1~100 的和，请用伪代码表示求 a~b 的和的算法。

（6）下列程序需要输出 There are 52 weeks in a year! 请修改程序中的错误。

```
/*该程序可以显示出一年有多少周
include stdio.h
int mian(){
```

```
    printf(There are 52 weeks in a year!)
    return 0
}
```

1.7 拓展阅读

C 语言之父——丹尼斯·里奇

　　丹尼斯·里奇(见图 1.17)是一位美国计算机科学家,与长期合作伙伴肯·汤姆森一起创建了 C 语言。他被认为是塑造和开创数字时代的人物。

　　丹尼斯大学原本学习的是物理,研究生时学习数学,一次偶然的机会,他旁听了计算机课,发现了自己对计算机的热爱。由于丹尼斯是物理专业的学生,因此他的毕业论文更多是关于理论方面的内容。但丹尼斯其实对实践有更浓厚的兴趣,因此他毕业后更多地投入了对实践的研究。1967 年他加入贝尔实验室,那里是他父亲曾经工作的地方,也正是在那里他加入了Multics 项目(由贝尔实验室、麻省理工学院和通用电器三家的合作项目)。丹尼斯负责多道处理机的 BCPL 语言和 GE650 的编译器。同时,他还编写了 ALTRAN 语言的代数编译器(用于符号计算机的一种语言和系统)。

图 1.17　丹尼斯·里奇:C 语言之父

　　20 世纪 60 年代,贝尔实验室的研究员肯·汤普森(见图 1.18)闲来无事,手痒难耐,想玩一个他自己编的、模拟在太阳系航行的电子游戏——Space Travel。汤普森找到了一台空闲的机器——PDP-7。但这台机器没有操作系统,而游戏必须使用操作系统的一些功能,于是他着手为 PDP-7 开发操作系统。后来这个操作系统被命名为 UNIX。同样酷爱 Space Travel 的丹尼斯为了能早点玩上游戏,同汤普森合作开发 UNIX 操作系统。汤普森的主要工作是改造 B语言,使其更成熟,后来这个语言被命名为 C 语言。1973 年初,C 语言的主体完成。汤普森和丹尼斯迫不及待地开始用 C 语言完全重写了 UNIX 操作系统。此时,编程的乐趣使他们已经完全忘记了 Space Travel,一门心思地投入到 UNIX 操作系统和 C 语言的开发中。随着UNIX 操作系统的发展,C 语言自身也在不断地完善。直到今天,各种版本的 UNIX 内核和周边工具仍然使用 C 语言作为最主要的开发语言,其中还有不少出自汤普森和丹尼斯之手的代码。

　　C 语言是使用最广泛的语言之一,可以说,C 语言的诞生是现代程序语言革命的起点,是程序设计语言发展史中的一个里程碑。自 C 语言出现后,以 C 语言为根基的 C++、Java 和 C#

图 1.18　肯·汤普森：B 语言、C 语言和 UNIX 操作系统创始人

等面向对象语言相继诞生，并在各自领域大获成功。但 C 语言依旧在系统编程、嵌入式编程等领域占据着统治地位。

1978 年丹尼斯·里奇与布莱恩·克尼汉一起出版了名著《C 程序设计语言》(*The C Programming Language*)。此书已翻译成多种语言，被誉为 C 语言的圣经。1983 年，丹尼斯·里奇与肯·汤普森因"研究发展了通用的操作系统理论，尤其是实现了 UNIX 操作系统"获得了 ACM 图灵奖，1990 年获得了 IEEE Hamming 奖，1999 年又因为发展 C 语言和 UNIX 操作系统两人一起获得了克林顿总统颁发的国家技术奖章。

资料显示，美国著名计算机科学家、C 语言之父、UNIX 之父的丹尼斯·里奇已经于当地时间 2011 年 10 月 12 日去世(北京时间 2011 年 10 月 13 日)，享年 70 岁。

在丹尼斯去世后，计算机历史学家 Paul E. Ceruzzi 说，"丹尼斯不被人们知道。他的名字一点也不家喻户晓，但是……如果你有一台显微镜，能在计算机里看到他的作品，你会发现里面到处都是他的作品。"

麻省理工学院计算机系的马丁教授评价说，"如果说，乔布斯是可视化产品中的国王，那么丹尼斯就是不可见王国中的君主。"乔布斯的贡献在于，他如此了解用户的需求和渴求，以至于创造出了让当代人乐不思蜀的科技产品。然而，却是丹尼斯为这些产品提供了最核心的部件，人们看不到这些部件，却每天都在使用着。

克尼汉评价道："牛顿说他是站在巨人的肩膀上，如今，我们都站在丹尼斯的肩膀上。"

第2章 基本数据类型和运算符

用 C 语言编制程序,要按照一定的语法规则,把各种语法成分有机地组合起来。C 语言程序中处理的数据分为常量和变量,对变量的处理主要借助各种运算符,运算符和常量、变量按规则组合后就形成了表达式,最后借助 scanf()、printf()等库函数将运算结果输出到屏幕等标准输出设备上。

本章主要介绍 C 语言的基本数据类型、变量与常量、运算符与表达式、输入输出函数等。学习时要关注以下几个问题:

(1) 不同数据类型之间的区别,包括所占存储空间大小、所表达的数据范围、精度等;

(2) 常用运算符(即算术运算符、关系运算符、逻辑运算符、赋值运算符)的运算规则及优先级;

(3) 输入输出函数的语法规则及使用方法。

2.1 基本数据类型

视频讲解

数据类型定义了数据的存储方式、占用空间、取值范围及支持的操作。C 语言有着丰富的数据类型,它既有基本类型,又有构造类型,还有指针类型和空类型。图 2.1 是 C 语言数据类型总览。在编程中,选择合适的数据类型可以提高程序的效率和可读性,同时避免出现数据溢出或精度丢失等问题。

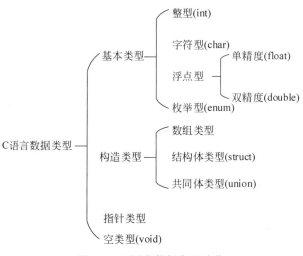

图 2.1　C 语言数据类型总览

▶ 2.1.1　整型

在 ANSI C 中,整型数据占 2 字节,即 16 位二进制位,取值范围为 $-2^{15} \sim 2^{15} - 1$,即 $-32\,768 \sim 32\,767$。整型的标识符为 int,由它可以定义整型变量。int 类型取值范围可能会因编译器和系统架构的不同而有所变化。C语言还提供了几种int类型的扩充形式，即在类型标识符int前可以加short，long和unsigned，用来限定数据的存储长度，进而改变它可表示的数值范围。

（1）short int，短整型，可简写为short，占2字节，数值范围也为$-32\,768 \sim 32\,767$。

（2）long int，长整型，可简写为long，占4字节，数值范围为$-2^{31} \sim 2^{31}-1$。

（3）unsigned int，无符号整型，可简写为unsigned，其长度与int类型相同，但取值全都是正的，数值范围为$0 \sim 65\,535$。

各种整数类型都有各自的取值范围，一旦超出了这个范围，就不能正确地表示数据，这种情况称为溢出。

【例2.1】 整型数据溢出示例。

【参考代码】

```
#include <stdio.h>
#include <math.h>
int main()
{
    int max,min;
    max = pow(2,31) - 1;
    min = max + 1;
    printf("max=%d,min=%d,sizeof(int)=%d\n",max,min,sizeof(int));
    return 0;
}
```

【代码分析】 代码中通过sizeof()计算了int类型在内存中所占的字节数为4，所以它所能表达的数值范围为$-2^{31} \sim 2^{31}-1$。求幂次用到了pow()函数，它在头文件math.h中。这段代码执行后能得到如图2.2所示的执行结果。

max=2147483647,min=-2147483648,sizeof(int)=4

图2.2 例2.1的执行结果

可以看到变量max加1之后超出了int类型能够表示的最大值，导致溢出并回到最小值变成了负数，这是因为整数在内存中是以补码的形式存储的，最高位是符号位，符号位为0时表示正数，为1时表示负数，而补码中的符号位是参与运算的。由此得出，在int类型范围内，正最大数加1即变为负最小数，同样地，负最小数减1又变成了正最大数。

【素质拓展】 物极必反，避免极端

例2.1印证了辩证法的一个朴素真理：自然界任何事物，其发展变化都有限度，超过这个限度就会走向反面。在实际中，若某种思想或行为过于偏激，可能会出现负面结果，处理问题时，要保持理性、平衡、避免走向极端，以免造成不可挽回的后果。

▶ 2.1.2 字符型

字符型以char作为类型标识符。一个字符变量只能容纳一个字符，一个字符常量是用单引号括起来的字符，如'a'。字符型占1字节的存储空间，可以表达256个不同的字符，存储时将字符的美国信息交换标准代码（American standard code for information interchange，ASCII）码存入内存。正因如此，字符型和整型之间有相通性，表现在以下几方面。

（1）字符型数据可以用整数形式输出，而一定范围内的整数也可以用字符形式输出。例如：

```
char c1; int i;
c1 = 'a'; i = 97;
printf("c1 = %c,c1 = %d,i = %d,i = %c\n",c1,c1,i,i);
```

运行后会得到 c1＝a,c1＝97,i＝97,i＝a↙。

（2）字符型变量和整型变量之间可以进行混合运算。例如：

```
char c1;
c1 = 'a';
c1 = c1 - 32;
printf("c1 = %c \n",c1);
```

运行后会得到 c1＝A↙。这是一段进行英文大小写字母转换的代码。

（3）整型变量可以接收字符常量,字符变量也可以接收整型数值,当然这都要在一定范围内。

另外,与 int 类型一样,char 类型前也可加修饰符 unsigned,表示无符号的字符或整数值。unsigned char 类型的取值范围是 0～255。

▶ 2.1.3　实型

实型包括单精度浮点型 float 和双精度浮点型 double,差别在于存储长度不一样,所能表示的数据范围及精度也不同。

（1）float,存储长度为 4 字节,能表示的数据范围约为 $-10^{-38}\sim10^{38}$,精度约为 6 位小数。

（2）double,存储长度为 8 字节,能表示的数据范围约为 $-10^{-308}\sim10^{308}$,精度约为 15 位小数。

C 语言中基本数据类型的名称、类型说明符、所占字节数及取值范围如表 2.1 所示。除了基本数据类型,还有构造数据类型、指针类型和空类型。一个构造类型的数据可以分解成若干个"成员"或"元素"。每个"成员"都是一个基本数据类型或又是一个构造类型。C 语言中的构造类型有数组、结构体、共用体。指针是一种特殊的数据类型,体现在指针的值可以代表某个变量在内存中的地址。空类型即 void 类型,经常用于表示函数返回值的类型。

表 2.1　基本数据类型

类　　型	类型说明符	字节	取 值 范 围
基本整型	int	2 或 4	$-32\,768\sim32\,767(-2^{15}\sim2^{15}-1)$或$-2\,147\,483\,648\sim2\,147\,483\,647$ $(-2^{31}\sim2^{31}-1)$
短整型	short int	2	$-32\,768\sim32\,767(-2^{15}\sim2^{15}-1)$
长整型	long int	4	$-2\,147\,483\,648\sim2\,147\,483\,647(-2^{31}\sim2^{31}-1)$
无符号整型	unsigned int	4	$0\sim4\,294\,967\,295(0\sim2^{32}-1)$
无符号短整型	unsigned short	2	$0\sim65\,535(0\sim2^{16}-1)$
无符号长整型	unsigned long	4	$0\sim4\,294\,967\,295(0\sim2^{32}-1)$
字符型	char	1	$-128\sim127$
无符号字符型	unsigned char	1	$0\sim255$
单精度浮点型	float	4	$-3.4\times10^{-38}\sim3.4\times10^{38}$
双精度浮点型	double	8	$-1.7\times10^{-308}\sim1.7\times10^{308}$

> Tips
> ① int 是整型数据标识符，其前可加 short，long，unsigned 等修饰符，进而表达不同范围的数据。
> ② char 是字符数据标识符，与 int 型具有相通性。
> ③ float 是单精度浮点型标识符，double 是双精度浮点型标识符。

视频讲解

2.2　常量和变量

C语言中存放在内存中的数据除了类型不同之外，根据它们的值在程序运行过程中是否可以发生变化，又可以将其分为常量和变量。

▶ 2.2.1　常量

常量是在程序运行期间，其值不能发生变化的数据量。常量的数据类型不需要定义，计算机在编译时可以根据其书写方式自动确定其数据类型，并为其分配相应字节大小的存储空间。

1. 整型常量

整型常量是不带小数点的数，如 18，23，07，0x3a 等。整型常量可以根据情况在其表示数值的数前面加前缀，一般代表进制。例如：

(1) 十进制整型常量——没有前缀，如 18，23…

(2) 八进制整型常量——以数字 0 作为其前缀，数码为阿拉伯数字 0～7，如 07(对应十进制数 7)，015(对应十进制数 13)…

(3) 十六进制整型常量——以 0x 或 0X 作为其前缀，数码为阿拉伯数字 0～9，英文字母 A～F 或 a～f，如 0X2A(对应十进制数 42)，0XA0(对应十进制数 160)…

整型常量后面也可加后缀，代表类型。例如：

(1) 长整型常量——以字母 L 或 l 为后缀，如 158L(对应十进制数 158)，077L(八进制长整数，对应十进制数 63)…

(2) 无符号型常量——以字母 u 或 U 为后缀，如 358u…

也可同时使用前后缀以表示各种类型的数。如 0XA5Lu 表示十六进制无符号长整数 A5，对应的十进制数为 165。

2. 实型常量

对于实型常量，系统自动默认其为 double 类型。实型常量有两种表示形式。

(1) 十进制数形式——由数码 0～9 和小数点组成。如 0.0，.26，1.28，5.0，300.，−267.8230…小数点之前和之后均可没有数码，但小数点不可省略。

(2) 指数形式——一般形式为 aEn 或 aen，其中 a 为十进制数(不可省略)，E 或 e 为阶码标志，n 为十进制整数，表阶码(只能为整数，可以带符号)，表示 $a \times 10^n$。如 2.9E−2(表示 2.9×10^{-2})。阶码标志的两侧不能为空，阶码标志的右侧必须为整数。

3. 字符型常量

用单引号括起来的一个字符就是字符常量，如'a''0''+''\n'等。在 C 语言中，字符常量特点如下。

(1) 字符常量必须用单引号括起来，不能使用双引号或其他符号。

（2）以反斜线（\）开头，后跟一个或几个字符表示的字符称为转义字符，表 2.2 给出了常见转义字符及其含义。除转义字符外，单引号里面只能是单个字符。

（3）除转义字符外，每个字符都与它的 ASCII 码一一对应，两者都是等价的，如 1 的 ASCII 码是十进制的 49，因此字符 1 在参与算术运算时，就表示 49 在参与运算。

表 2.2　常见转义字符及其含义

转义字符	含　　义	ASCII 码
\n	回车换行，将光标移到下一行的开始位置	10
\t	光标移到下一个水平制表位置	9
\b	退格	8
\r	回车，将光标移到当前行的开始位置	13
\"	双引号	34
\'	单引号	39
\\	反斜线	92
\ddd	1～3 位八进制数所代表的字符	如\141 代表 a
\xhh	1～2 位十六进制数所代表的字符	如\x41 代表 A

4. 符号常量

C 语言中可以用标识符表示常量，称为符号常量。符号常量使用之前必须定义，格式如下：

```
#define 标识符 常量
```

通过该格式把标识符定义为其后的常量值，这样以后在程序中所有出现该标识符的地方均以该常量值代替。注意，定义格式中常量值后面没有分号。习惯上表示符号常量的标识符用大写字母。

【例 2.2】　符号常量的使用。

【问题描述】　分析以下求圆面积的程序段，思考使用符号常量有什么好处？

【参考代码】

```
#include <stdio.h>
#define PI 3.14159
int main()
{
    float s,r=5;
    s=PI*r*r;
    printf("s=%f\n",s);
    return 0;
}
```

【代码分析】　程序中定义了符号常量 PI，这样在出现 PI 的地方就会以常量 3.141 59 来代替进行计算，所以语句 s=PI*r*r;经过编译后变成 s=3.141 59*r*r;使用符号常量有以下好处：①提高代码可读性，符号常量的名称通常能清晰地表达其含义，比如，本例中的 PI，这比直接使用数字或字符串更具有描述性；②便于维护，当需要修改这个值时，只需修改定义常量的地方即可，避免在代码中到处寻找并修改数值；③减少错误，使用符号常量可以减少手误带来的错误，从而避免拼写错误导致的程序出错。

Tips

① 对于整型常量,在代表数值的数码之前或之后可以加上一定的符号。

——前缀 0 代表八进制；前缀 0x 或 0X 代表十六进制；

——后缀 L 或 l 代表 long；后缀 U 或 u 代表 unsigned。

② 对于实型常量,有两种表示形式。

——十进制形式,由数码 0～9 和小数点组成,小数点不可省略；

——指数形式,一般形式为 aEn 或 aen,阶码标志的两侧不能为空,且右侧必须为整数。

③ 字符常量必须用单引号括起来,以反斜线\开头的是转义字符。

④ 符号常量定义格式为：♯define 标识符 常量

▶ 2.2.2　变量

变量就是其值在程序运行过程中可以变化的量。每一个变量都代表内存中具有特定属性的一个存储单元,变量的使用及取值范围等由它的类型决定,因此所有的变量在使用之前必须定义。定义格式如下：

数据类型说明符 变量名1,变量名2,…,变量名n;

其中,变量名的命名要遵循标识符的命名规则,即构成成分是字母、数字和下画线,构成规则是以字母或下画线开头的字符序列,且定义同类型的多个变量时,变量之间可以用逗号分隔,定义句尾以分号结束。例如,int i,j;和 char ch;等。

【素质拓展】　法律法规

通过标识符的命名规则,告诫学生在上课学习、日常生活和将来的工作中要遵守相应的制度与规定,并用以约束和指导自己的行为。

【例 2.3】　变量的使用。

【问题描述】　分析下面一段程序,思考变量存储单元的变化。

【参考代码】

```c
#include <stdio.h>
int main()
{
    int sum = 0, i = 1;
    sum = i + 1;
    return 0;
}
```

【代码分析】　这段代码中定义了整型变量 sum 和 i,在定义的同时对它们进行了初始化,此时存储单元的值,如图 2.3(a)所示。另外,变量定义语句通常出现在函数体的开头部分。编译系统会根据定义变量时说明的数据类型给变量分配相应大小的存储空间,变量名实际上是该存储空间的别名。执行语句 sum=i+1;之后存储单元的值,如图 2.3(b)所示。对于 i 来说,是取出它的值去加以运算,其存储单元未改变,对于 sum 来说,是将 i 值加 1 之后又放入其存储单元,会覆盖掉该单元中原有的内容。

0	sum
1	i

1	sum
1	i

(a) 执行变量定义语句时的存储单元　　　(b) 执行语句sum=i+1后的存储单元

图 2.3　存储单元变化

Tips
① 变量使用之前必须先定义。
② 变量名由字母、数字和下画线组成,且是以字母或下画线开头的字符序列。
③ 变量定义语句通常出现在函数体的开头部分。

2.3　输入和输出函数

视频讲解

C 语言的输入输出功能是借助库函数来实现的,使用前需要将有关函数的信息告诉程序,即在程序头部加上♯include < stdio. h >说明,这样程序就可以使用标准输入输出函数了。其中 stdio 代表着 standard input and output,扩展名. h 代表该文件是头文件。

▶ 2.3.1　格式化输入输出函数

1. printf ( ) 函数

这是一个格式化输出函数,格式如下:

```
printf(格式控制字符串,输出列表);
```

printf 的格式控制字符串是以英文双引号括起的一段字符串,可以包括普通字符、控制字符、转义字符。普通字符和转义字符会原样输出;控制字符用以限制输出不同类型的数据,以%开头,常用的格式控制说明符有%d、%f、%lf、%c、%s 等,如表 2.3 所示。输出列表可以是常量、变量或者任意合法的表达式,且输出列表中的参数个数与类型要求与前面的格式控制字符串中的格式控制说明符要一致。

表 2.3　printf( )函数的格式控制说明符

格式控制说明符	说　　　明
%d	以十进制形式输出整数(正数不输出符号)
%o	以八进制形式输出整数(不输出前导符 O)
%x	以十六进制形式输出整数(不输出前导符 Ox 或 OX)
%u	以无符号十进制形式输出整数
%c	以字符形式输出一个字符
%s	输出字符串
%f 或 %e	以小数形式输出浮点数,保留小数点后 6 位
%lf 或 %le	以指数形式输出浮点数
%m. nf	m,n 为正整数,输出浮点数总宽度为 m,包括小数点,保留 n 位小数

【例 2.4】　printf( )函数使用。
【参考代码】

```
♯ include < stdio. h >
int main()
{
    int c; char ch; float s;
    c = 12345; ch = 'a'; s = 12.34;
    printf("c =%d\n",c);
    printf("c =%3d\n",c);
```

```
        printf("c =% 7d\n",c);
        printf("c =% - 7d\n",c);
        printf("s =%8.2f\n",s);
        printf("ch =% c\n",ch);
        printf(" % s","China");
        return 0;
    }
```

【代码分析】 本例调用 printf() 输出函数，"c＝%d\n"为格式控制字符串，其中 c＝为普通字符，按原样输出，%d 为格式控制说明符，表示以十进制整数格式输出后面参数变量 c 所对应的值，即 12345，\n 为转义字符回车，因此，输出结果为 c＝12345↙。接下来三条 printf 语句在格式中限制了输出数据的宽度，一个是 3，但 c 的宽度为 5，所以它会按照宽度 5 输出，另外两个都是 7，大于 c 的宽度 5，这种不足限制宽度的情况会在输出数据 12345 的左侧补上空格

图 2.4　例 2.4 的输出结果

以满足限制宽度，若想先输出数据再输出空格，即空格在数据右侧出现，则需在宽度值前加-。格式控制字符串"s＝%8.2fd\n"表示输出浮点型数据，且该数据宽度为 8，小数部分占 2 位，而 12.34 宽度为 5 位，所以输出时左侧补上 3 个空格。%c、%s 分别表示输出字符和字符串。以上代码输出结果如图 2.4 所示。

2. scanf( ) 函数

这是一个格式化输入函数，格式如下：

```
scanf(格式控制字符串,输入地址列表);
```

scanf() 函数的输入列表是以逗号分开的变量的地址，即每个变量名前必加一个地址运算符 &。这里的格式控制字符串与 printf() 函数的格式控制字符串一样，要用英文双引号括起来，包括普通字符和控制字符。对于普通字符，在输入时必须把它们原样输入，否则会发生输入错误。因此为了避免这种错误，在控制串中最好不要加入其他成分，以免在输入时忘掉或不匹配。对于控制字符，其说明符如表 2.3 所示，与 printf() 函数不一样的是，scanf() 函数不能指定输入数据的宽度。输入地址列表中的变量类型与前面的格式控制字符类型要一致。

【例 2.5】 scanf() 函数使用。

【参考代码】

```
# include < stdio. h >
int main()
{
    int i,j,k,l,m,n;
    char ch;
    scanf("% d, % d, % d",&i,&j,&k);
    scanf("% d% d% d",&l,&m,&n);
    scanf("% c",&ch);
    printf("% c",ch);
    return 0;
}
```

【代码分析】 本例调用 scanf() 输入函数，格式控制串"%d,%d,%d"中有普通字符","，输入时不同数据之间要以","分隔，不可省略。如果格式控制字符串中没有普通字符，如"%d%d%d"，此时不同数据之间的分隔使用空格（一个或几个空格都可以）或回车或 Tab 键皆可。此程序运行结果截图如图 2.5 所示，当输入 6 后，按回车键表示语句 scanf("%d%d%d"，&l,&m,&n);的输入数据结束，但程序中紧接着是语句 scanf("%c",&ch);，对于 %c 的格式符来说，空格、回车、Tab 键都是有效字符，所以输入 6 后的回车被这里的 scanf() 语句接收到

字符串 ch 中了,再次输出 ch 就会输出回车符,可看到图 2.5 中有两个空行。

【拓展思考】 如何避免例 2.5 中的回车符输入给 ch?

图 2.5 例 2.5 的输出结果

> Tips
> ① C 语言中使用输入输出函数需要加头文件 #include < stdio. h >。
> ② printf()是格式化输出函数,格式控制字符串用双引号括起来,输出列表中多个参数用逗号分开,且类型要与格式控制字符串中的控制符一致,常用的格式控制说明符有%d、%f、%lf、%c、%s 等。
> ③ scanf()是格式化输入函数,输入列表为变量地址,格式控制字符串中若有普通字符要原样输入,输入多个数据时(格式控制字符串中没有普通字符的情况下)可使用空格或回车或 Tab 键作为分隔符;"%c"格式下要注意空格、回车、Tab 键都是有效字符。

2.3.2 字符输入输出函数

getchar()与 putchar()是 C 语言中单个字符的输入输出函数,其函数使用形式如下。

```
字符变量 = getchar();
putchar(字符对象);
```

可以看到,getchar 后面的圆括号内是空的,说明该函数没有参数,该函数功能是从键盘上敲入一个字符,按回车键后把它赋给字符变量。例 2.5 中提到"如何避免回车符输入给 ch",可在 scanf("%c",&ch);前先利用 getchar()函数接收一下那个回车符,然后再次输入的字符就不会放到字符串 ch 中。

putchar()函数是带参数的,可以是一个字符常量或字符变量。该函数功能是向终端输出一个字符。因整型和字符型是通用的,所以 putchar()函数也能把代表某个字符编码的整数作为一个字符输出。

【例 2.6】 **putchar()函数与 getchar()函数的使用。**

【问题描述】 输入一个字符,求其先导字符和后继字符。

【问题分析】 字符是有序类型,前后字符的 ASCII 码值相差为 1,故可求其先导和后继字符。对字符的输入,可以用 getchar()函数,也可以用%c 控制格式,输出时可以用 putchar()函数,也可以用%c 控制格式。

【参考代码】

```c
#include < stdio.h >
int main()
{
    char ch,pre,pos;
    ch = getchar();
    pre = ch - 1;
    pos = ch + 1;
    putchar(pre);
    putchar('\n');
    putchar(ch);
    putchar('\n');
```

```
        putchar(pos);
        putchar('\n');
        return 0;
}
```

【拓展思考】　对字符的输入输出，可以用 getchar()、putchar()函数，也可以用%c 控制格式。请用%c 控制形式实现该题功能。

> Tips
>
> getchar()与 putchar()是 C 语言中单个字符的输入输出函数，使用格式如下。
>
> 字符变量 = getchar();
> putchar(字符对象);

视频讲解

2.4　C 的运算符和表达式

　　C 语言有丰富的运算符，这些运算符具有不同的优先级和结合性，使得 C 语言的应用更加广泛。运算符加相应的运算对象就构成了表达式，表达式也是 C 语言的重要因素之一，因此掌握运算符的使用对编写程序十分重要。

　　C 语言的运算符种类繁多，常见的类型如下。

　　(1) 赋值运算符：＝。

　　(2) 算术运算符：＋、－、＊、/、%、＋＋、－－。

　　(3) 关系运算符：＞、＞＝、＜、＜＝、＝＝、!＝。

　　(4) 逻辑运算符：!、&&、||。

　　(5) 条件运算符：?:。

　　(6) 逗号运算符：,。

　　(7) 求字节数运算符：sizeof。

　　(8) 指针运算符：＊、&。

　　(9) 强制类型转换运算符：(类型名)。

　　(10) 成员运算符：->。

　　(11) 下标运算符：[]。

　　(12) 其他运算符：例如，位运算符、函数调用运算符等。

　　对于每一个运算符，学习时要注意以下两个问题。

　　(1) 优先级：多个运算符在同一个表达式中需要先进行什么运算，后进行什么运算。

　　(2) 结合性：运算符所需要的数据是从其左边开始取还是从右边开始取，因而有"左结合""右结合"之说。

　　【素质拓展】　不以规矩，不能成方圆

　　通过运算符的运算规则，让学生认识到不以规矩不能成方圆。每个人都须按科学规律做事，怀着实实在在的态度做事，寻找任何事物的客观规律，循序渐进，引导学生设立计划，有规律地学习、生活。

▶ 2.4.1　算术运算符和算术表达式

1. 基本算术运算符

　　C 语言中的基本算术运算符及含义如表 2.4 所示。

表 2.4　基本算术运算符及含义

运　算　符	含　义	C 表达式
＋	算术加	5＋3
－	算术减	5－3
＊	乘法运算	5＊3
/	除法运算	5/3 或 5/3.0
％	求模（余数）运算	5％3

算术运算符的使用要注意以下问题。

（1）如果参加＋、－、＊、/运算的两个数有一个为实数，则结果为 double 类型，因为所有实数都按照 double 类型进行计算。

（2）除法运算符/的结果和其运算对象有关。如果参与运算的两个数都是整数，则所得的结果是商的整数部分；如果其中有一个是实数，则所得结果的类型为实型。

（3）用求余运算符％进行运算，要求两个操作数均为整型，结果为两数相除所得的余数。求余又称为求模。一般情况下，余数的符号与被除数符号相同。如－8％5＝－3，8％－5＝3。

【例 2.7】　算术运算符的使用。

【参考代码】

```
# include < stdio.h>
int main()
{
    printf("\n%d, %d\n",5/3, -5/3);
    printf("%f, %f\n",5.0/3, -5.0/3);
    printf("\n10%%3=%d, -10%%3=%d, 10%%-3=%d, -10%%-3=%d\n",10%3, -10%3,10%-3, -10%-3);
    return 0;
}
```

【代码分析】　本例的执行结果如图 2.6 所示，5/3，－5/3 的结果均为整型，小数全部舍去。而 5.0/3 和－5.0/3 由于有实数参与运算，因此结果为实型。对于求余运算来说，结果的符号只与被除数的符号有关。而且，要输出一个％，在格式控制字符串中必须有两个％，即％％。

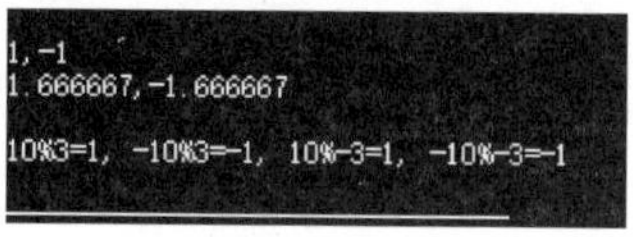

图 2.6　例 2.7 的执行结果

2. 自增（＋＋）自减（－－）运算符

自增、自减运算符属于单目运算符（即只有一个运算对象），它们可以放在运算对象的前面，也可以放在运算对象的后面，形成前置或后置形式，其作用是使运算对象的值加 1 或减 1，这里运算对象只能是整型变量，不能为常量或表达式。例如，设有整型变量 i，则 i＋＋，＋＋i 都是使 i 值加 1。既然效果相同，那么前置和后置形式有何不同？前置后置形式的意义不在于它所作用的变量本身，而在于对变量值的使用。前置形式是先把变量值加 1 或减 1，然后用新的变量值参与表达式的运算。后置形式是先用变量的原始值参与表达式的运算，然后再对变量的原始值加 1 或减 1。

【例 2.8】　自增自减运算符的使用。

【题目描述】　思考以下几个程序段的输出结果。

程序段 1：

```
int i = 3;
printf(" % d",++ i);
```

程序段 2：

```
int i = 3;
printf(" % d",i++);
```

程序段 3：

```
int i = 3;
printf(" % d, % d\n",i,i++);
```

【代码分析】　程序段 1 中使用了前置形式的自增运算，所以先进行＋1 运算，然后再使用该值将其输出，得到结果 4；程序段 2 中使用了后置形式的自增运算，所以先使用该值将其输出，然后对其进行＋1 运算，得到结果 3；程序段 3 中使用了后置形式的自增运算，但在调用 printf() 函数时，它对参数从右到左进行处理，所以将先进行 i++ 运算，得到 4,3 的输出结果。

> Tips
> ① 除法运算符"/"的结果和其运算对象有关，只要有一个是实型，那么结果就是实型。
> ② 求余运算符"%"进行运算时要求两个操作数均为整型，运算结果的符号和被除数符号一致。
> ③ 自增、自减运算符的前置形式是先把变量值加 1 或减 1，然后用新的变量值参与表达式的运算；后置形式是先用变量的原始值参与表达式的运算，然后再对变量的原始值加 1 或减 1。

3. 算术表达式

用算术运算符和括号将运算对象（又称操作数）连接起来，符合 C 语言规则的式子，称为算术表达式。运算对象可以是常量、变量、函数等。如数学式 b^2-4ac 对应的表达式应该写成 b * b － 4 * a * c，这里的乘法运算符 * 不可省略。此外，C 语言算术表达式只使用圆括号改变运算的优先顺序（不允许使用{}、[]）。可以使用多层圆括号，此时左右圆括号必须配对，运算时从内层括号开始，由内向外依次计算表达式的值。算术表达式中出现多种算术运算符时，++、－－的优先级最高，* 、/、%的优先级次之，+、－的优先级最低。除了前置形式的++、－－运算符是右结合，其他的运算符都是左结合。

【例 2.9】　算术表达式求值。

【问题描述】　设有定义：int a＝7,b＝5;float x＝2.5;计算表达式 x＋a%3 * b＋＋%2/4 的值。

【问题分析】　在表达式 x＋a%3 * b＋＋%2/4 中有多种运算符，其中＋＋优先级最高，先计算 b＋＋，结果记为 B，再自左向右依次计算 a%3 * B%2/4，结果记为 A，最后做 x＋A。具体过程如下：

```
  x + a % 3 * b++ % 2/4
= 2.5 + 7 % 3 * 5++ % 2/4
= 2.5 + 7 % 3 * 6 % 2/4
= 2.5 + 1 * 6 % 2/4
= 2.5 + 6 % 2/4
= 2.5 + 0/4
= 2.5 + 0
= 2.5
```

▶ 2.4.2　赋值运算符和赋值表达式

1. 一般赋值运算符和表达式

C 语言中,"＝"是一般赋值运算符,由"＝"连接的式子称为赋值表达式,即

> 变量 = 表达式

进行赋值运算时首先计算右边表达式的值,然后把它赋给左边的变量,如 x＝a＋b。赋值表达式的值就是左边变量最后的值。注意,赋值运算符左边只能是变量。

赋值运算右边的表达式本身又可能是赋值表达式,也就是说赋值运算可以递归定义,所以有 a＝b＝2 这样的写法。赋值运算属于右结合,所以 a＝b＝2 等价于 a＝(b＝2),这里 b＝2 这个赋值表达式的值就是左边变量 b 的值 2,把这个赋值表达式的值 2 再赋给 a,于是就有 a 的值也是 2,这就像是把最右边表达式的值连续地赋给了它左边的各个变量。

赋值运算符的优先级是除逗号运算符外最低的。如 x＝(a＝5)＋(b＝8),这个表达式中有括号、加法、赋值运算,计算时先进行括号内运算,即 a 被赋值为 5、b 被赋值为 8 的计算,然后进行加法运算,即计算 5＋8,最后进行赋值运算,即把右边表达式的计算结果 13 赋值给 x,从而得到这个表达式的值就是左边变量 x 的值为 13。

如果赋值运算符两边的数据类型不相同,系统将自动进行类型转换,即把赋值号右边的类型换成左边的类型,使之适应左边变量的要求。当右边量的数据类型长度比左边长时,将丢失一部分数据,这样会降低精度,丢失的部分按四舍五入向前舍入。具体规定如下。

(1) 实型(float,double)赋值整型(int),舍去小数部分。

(2) 整型(int)赋值实型(float,double),数值不变,但将以浮点形式存放,即增加小数部分(小数部分的值为 0)。

(3) 字符型(char)赋值整型(int),由于字符型长度为 1 字节,而整型数据的长度为 4 字节,因此将字符的 ASCII 码值放到整型变量的低八位中,高位为 0。

(4) 整型(int)赋值字符型(char),只把整型的低八位赋值字符变量。

【例 2.10】　赋值运算中类型转换应用示例。

【参考代码】

```c
# include < stdio.h>
int main()
{
    int a, b = 322;
    float x, y = 8.88;
    char c1 = 'k', c2;
    a = y;
    printf(" %d,",a);
    x = b;
    a = c1;
    c2 = b;
    printf("%f, %d, %c",x,a,c2);
    return 0;
}
```

【代码分析】　例 2.10 表明赋值运算中类型转换的规则,其执行结果如图 2.7 所示。变量 a 为整型,赋值浮点型变量 y 的值 8.88 后,直接丢弃小数部分,只取整数 8。变量 x 为实型,赋值整型变量 b 的值 322 后,增加了小数部分。字符型变量 c1 赋值 a 变为整型,整型变量 b 赋值字符型变量 c2 后取其低八位成为字符型(b 的低八位为 01000010,即十进制 66,按 ASCII

码对应于字符 B)。

图 2.7 例 2.10 的执行结果

2. 复合赋值运算符和表达式

在赋值符"="之前加上其他双目运算符可构成复合赋值符，双目运算符可为算术运算符＋、－、＊、/、％，也可为位运算符(本书不作介绍)，表达形式如下：

> 变量 双目运算符 = 表达式

上述表达式等价于：

> 变量 = 变量 双目运算符 表达式

如 int a＝1;a＋＝5;等价于 int a＝1;a＝a＋5;。注意，使用复合赋值运算符时变量一定要有初值，否则会出错。复合赋值运算符十分有利于编译处理，能提高编译效率并产生质量较高的目标代码。

> Tips
> ① ＝为一般赋值运算符，进行赋值运算时首先计算右边表达式的值，然后把它赋值给左边的变量。
> ② 赋值运算属于右结合，优先级是除逗号运算符之外最低的。
> ③ 如果赋值运算符两边的数据类型不相同，系统将自动进行类型转换，即把赋值号右边的类型转换成左边的类型，使之适应左边变量的要求。
> ④ 赋值运算符与算术运算符结合可构成复合赋值运算符：＋＝、－＝、＊＝、/＝、％＝，使用时变量一定要有初值。

▶ 2.4.3　关系运算符和关系表达式

关系运算符用来比较两个运算对象的大小，比较的结果是真和假两个逻辑值。C 语言中的关系运算符主要有以下 6 种：

$$<(小于)、>(大于)、<=(小于或等于)、$$
$$>=(大于或等于)、==(等于)、!=(不等于)$$

关系运算符的优先级低于算术运算符，高于赋值运算符。在关系运算符内部，<、>、<=、>=这四个运算符优先级相同，高于==、!=运算符，==、!=这两个运算符的优先级也相同。关系运算符都是双目运算符，其结合性均为左结合。使用时要注意以下问题：

(1) <=、>=、==、!=这四个关系运算符由两个字符构成，在两个字符之间不要加空格；

(2) 相等运算符为==，不要误写成赋值运算符"="。

由关系运算符构成的关系表达式的值只有 1(真)或 0(假)两个值。关系表达式在参与其他算术运算时，真即 1，假即 0。C 语言中规定，无论是正数还是负数，只要不是 0，都被看成真，只有 0 被看成假。

关系运算符经常被用于构成条件表达式，在 if 语句、for 循环、while 循环、do…while 循环中表示条件。同时要注意 C 语言中关系表达式与数学中代数式之间的区别。

【例 2.11】　关系表达式判断。

【问题描述】　如果变量 x 的值为 7，分析表达式 3<=x<=5 的结果。

【问题解析】　在数学中,3≤x≤5 式子的作用是用于判断 x 是否在 3 和 5 之间,因此按数学中的观念来理解,这个表达式的值应该为 0。但是在 C 语言中它是一个关系表达式,采用左结合的运算方式,运算顺序为自左向右,首先判断 3＜=x 是否为真,然后再判断该结果与 5 之间的关系。无论 x 的值为多少,作为关系表达式 3＜=x 结果非 0 即 1,而 0 和 1 都小于 5,因此在 C 语言中 3＜=x＜=5 表达式的值永真,即其值永远都是 1。

【拓展思考】　在 C 语言中如何判断 x 是否在 3 和 5 之间(借助下节介绍的逻辑运算符)。

> Tips
> ① 关系运算符用来比较两个运算对象的大小,比较的结果是真和假两个逻辑值。
> ② 相等运算符为"＝＝",不要误写成赋值运算符"＝"。
> ③ 在关系运算符内部,＜、＞、＜=、＞=这四个运算符优先级相同,高于＝＝、!＝运算符,＝＝、!＝这两个运算符的优先级也相同。

▶ 2.4.4　逻辑运算符和逻辑表达式

C 语言中有 3 个逻辑运算符,按由高到低的优先级次序排列如下。

```
!(逻辑非)
&&(逻辑与)
||(逻辑或)
```

其中,"&&"和"||"是双目运算符,"!"是单目运算符。逻辑运算对象可以是逻辑表达式,也可以是关系表达式,即参与运算的量要被看成逻辑量——非 0 值被看成真,0 被看成假。和关系运算一样,逻辑运算的结果也是逻辑值,即真(用 1 表示)或假(用 0 表示)。用逻辑运算符将关系表达式或逻辑量连接起来构成的表达式称为逻辑表达式。逻辑运算真值表如表 2.5 所示。

表 2.5　逻辑运算真值表

a	b	!a	a&&b	a‖b
真(非 0)	真(非 0)	0	1	1
真(非 0)	假(0)	0	0	1
假(0)	真(非 0)	1	0	1
假(0)	假(0)	1	0	0

例 2.11 中如何判断 x 是否在 3 和 5 之间,则应表示如下。

```
(x>=3)&&(x<=5)
```

逻辑运算符中!是右结合,&& 和||均为左结合。例如,!!x 等价于!(!x),a‖b‖c 等价于(a‖b)‖c。

目前所学的四类运算符的优先级由高到低顺序如下。

!(逻辑非)、算术运算符、关系运算符、&&(逻辑与)、‖(逻辑或)、＝(赋值运算符)。

【例 2.12】　逻辑运算符的应用。

【问题描述】　分析下面这段程序的输出结果。

【参考代码】

```
# include < stdio.h>
int main()
{
    int a,b,c;
    a = b = c = 1;
    printf(" % d\n",a&&b&&c);
    a = 0;b = c = 1;
    printf(" % d\n",a&&b&&c);
    a = b = c = 0;
    printf(" % d\n",a||b||c);
    a = 1;b = c = 0;
    printf(" % d\n",a||b||c);
    return 0;
}
```

【代码分析】 在求表达式 a&&b&&c 的值时，如果 a 的值为假，则不需要对 b、c 进行计算。在求表达式 a||b||c 的值时，如果 a 的值为真，则不需要对 b、c 进行计算。上述程序执行后结果为 1↙、0↙、0↙、1↙。

【拓展思考】 分析下面程序段的输出结果。

(1) a＝0;b＝c＝1;printf("%d\n",++ a&&b&&c);

(2) a＝1;b＝c＝0;printf("%d\n",a||b++ ||c);

> Tips
> ① 逻辑运算符包括!（逻辑非）、&&（逻辑与）、||（逻辑或），逻辑运算的结果为真或假。
> ② 在求表达式 a&&b 的值时，如果 a 的值为假，则不需要对 b 进行计算。在求表达式 a||b 的值时，如果 a 的值为真，则不需要对 b 进行计算。
> ③ 目前我们所学的四类运算符的优先级由高到低顺序如下：
> !（逻辑非）、算术运算符、关系运算符、&&（逻辑与）、||（逻辑或）、=（赋值运算符）。

▶ 2.4.5 其他运算符

1. 逗号运算符和逗号表达式

逗号在 C 语言中主要有两个作用，一个是作为分隔符，一个是作为运算符。

在变量的定义和函数的参数中都用到了逗号作分隔符。例如，int i,j; result＝max(a, b);等。

逗号作为运算符，它是把两个表达式连接起来组成一个表达式，称为逗号表达式。一般形式如下：

表达式 1,表达式 2,…,表达式 n

在求逗号表达式的值时，是从左向右进行计算，即先求表达式 1 的值，再求表达式 2 的值，…，最后求表达式 n 的值，其中后面表达式的计算可以利用前面表达式的计算结果，而最后一个表达式 n 的值就是整个逗号表达式的结果，其类型也是整个表达式的类型。

逗号运算符的优先级是最低的，其结合性是自左向右的。

【例 2.13】 逗号运算符的使用。

【问题描述】 分析下述程序运行结果。

【参考代码】

```c
# include < stdio. h>
int main()
{
    int a = 2,b = 4,c = 6,x,y;
    y = (x = a + b,b + c);
    printf("y = % d,x = % d",y,x);
    return 0;
}
```

【代码分析】　在赋值表达式 y＝(x＝a＋b,b＋c);中,先进行括号内运算,而括号内是逗号表达式,因为逗号运算符优先级最低且具有左结合性,所以自左向右依次计算 x＝a＋b 和 b＋c,括号内的逗号表达式的值就是第二个表达式 b＋c 的值,y 就等于整个逗号表达式的值,也就是第二个表达式的值,x 是第一个表达式的值。因此,运行结果是:

y = 10, x = 6

逗号表达式的使用要注意:

(1) 在程序中使用逗号表达式,通常是要分别计算逗号表达式内各表达式的值,并不一定要计算整个逗号表达式的值。

(2) 逗号表达式一般形式中的各表达式本身也可以是逗号表达式:

(表达式 1,(表达式 2,(…,表达式 n)))

形成嵌套情形,整个逗号表达式的值等于表达式 n 的值。

> Tips
> ① 逗号在 C 语言中主要有两个作用,一个是作为分隔符,一个是作为运算符。
> ② 作为运算符时,在求逗号表达式的值时,是从左向右进行计算,最后一个表达式的值就是整个逗号表达式的结果。
> ③ 逗号运算符的优先级是最低的,其结合性是自左向右的。

2. 条件运算符和条件表达式

条件运算符"?:"是 C 语言中唯一的一个三目运算符,它有 3 个运算对象,由"?"和":"连接起来构成一个条件表达式,形式如下:

表达式 1? 表达式 2: 表达式 3

其中,表达式 1、表达式 2、表达式 3 可以是任意类型的表达式,如果表达式 1 的值为真,那么整个表达式的值为表达式 2 的值,否则为表达式 3 的值。条件运算符的优先级高于赋值运算符而低于关系运算符和算术运算符,结合性是右结合,即从右向左。如 a＞b?a:c＞d?c:d 等价于 a＞b?a:(c＞d?c:d),max＝a＞b?a:b+1 等价于 max＝(a＞b)?a:(b+1)。

【例 2.14】　条件运算符的使用。

【问题描述】　分析下述程序运行结果。

【参考代码】

```c
# include < stdio. h>
int main()
{
```

```
    int x = 5;
    int y = 5;
    printf(" % d\n",x++ = = y?x:y);
    return 0;
}
```

【代码分析】 本例中将条件表达式 x= =y?x:y 的结果输出。首先判断 x= =y,然后进行 x++ 运算,根据 x= =y 的真假决定输出 x(此时的 x 是进行自增运算后的值)还是 y 的值。根据代码知 x= =y 值为真,因此本题输出结果为 6。

> Tips
> ① 条件运算符"?:"是 C 语言中唯一的一个三目运算符。
> ② 条件表达式形式为"表达式 1? 表达式 2：表达式 3",计算规则是如果表达式 1 的值为真,那么整个表达式的值为表达式 2 的值,否则为表达式 3 的值。
> ③ 条件运算符的优先级高于赋值运算符而低于关系运算符和算术运算符,结合性是右结合。

3. sizeof 运算符

sizeof 是个单目运算符,其作用是求运算对象所具有的字节数,使用形式如下。

```
sizeof(运算对象)
```

这里运算对象可以是变量名、常量名、数据类型名等。变量、常量的大小实际上是它所属类型的大小。使用 sizeof 运算符时要注意:

(1) 在求字符串常量的大小时,包括看不见的符号'\0',如 sizeof("China")将得到 6;

(2) 如果运算对象是表达式,则不对运算对象进行求值计算,如 sizeof(i++)并不对 i 进行自增运算。

> Tips
> ① sizeof 是个单目运算符,其作用是求运算对象所具有的字节数,使用形式为 sizeof (运算对象)。
> ② 使用 sizeof 求字符串常量的大小时,包括了看不见的符号'\0'。
> ③ 如果 sizeof 中运算对象是表达式,则不对运算对象进行求值计算。

2.5 数据类型转换

C 语言中不同类型数据可以共存于一个表达式中,并按一定的规则进行计算,示例如下：

```
10 + 'a' + 1.5 − 8765.1234 * 'b'
```

这是合法的,是因为 C 语言可以对参与运算的数据做某种转换,把它们转换成同一类型,然后再进行计算。C 语言的类型转换包括自动类型转换和强制类型转换。

1. 自动类型转换

C 语言自动类型转换原则是把短类型转换成长类型,如图 2.8 所示。图中水平方向的转换是自然进行的,垂直方向的转换是在需要的时候才进行的,即编译系统会把类型低的数据转换成类型高的数据,然后再进行运算。

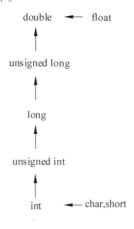

图 2.8　自动类型转换图

2. 强制类型转换

在自动转换达不到程序员的要求时,程序员需要对数据进行强制类型转换。强制类型转换的办法是在被转换的数据前加上所需的类型名,形式如下:

(类型名)(表达式)

前面的圆括号为强制类型转换运算符,它的优先级高于算术运算符,因此当转换对象不是单个数据而是表达式时,必须用圆括号括起来,不然可能出现错误。另外,对表达式的值进行类型转换时,得到一个所需类型的中间变量,而原数据仍保持原来的类型和大小。示例如下:

```
float x = 1.5,y = 3.5;
printf("%d",(int)(x + y));
```

执行时将 x+y 的结果强制类型转换成 5,输出为 5,但 x、y 的值并未发生改变。

> Tips
> ① C 语言自动类型转换原则是把短类型转换成长类型。
> ② 强制转换是在被转换的数据前加上所需的类型名,形式为(类型名)(表达式)。
> ③ 对表达式的值进行类型转换时,得到一个所需类型的中间变量,而原数据仍保持原状。

2.6　本章小结

本章思维导图如图 2.9 所示。本章重点学习了基本数据类型(整型、实型、字符型)和变量的定义及其用法,介绍了数据输入输出的相关函数,学习了算术运算符、关系运算符、逻辑运算符、赋值运算符等的运用,以及数据类型的两种转换方法。数据的输入输出函数的使用是本章的重难点,学习时要深刻理解变量和内存的关系、运算符的优先级关系和运算法则。本章的知识点是 C 语言中基础、必要的知识,很多内容要在今后长期使用中才能深入理解、熟练掌握。

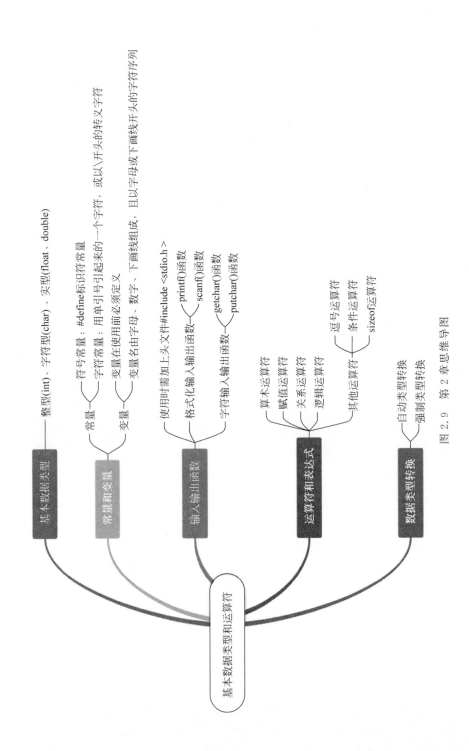

图 2.9　第 2 章思维导图

在线测试

2.7　拓展习题

1. 基础部分

(1) 下列字符序列中,哪些可以用作用户定义的标识符,哪些不可以? 为什么?

sum　　Sum　　M. D. John　　day　　Date　　3days　　student_name　　♯33

lotus_1_2_3　　char　　a>b　　_above　　$123

(2) 设 a 和 b 均为 double 类型变量,且 a=5.5、b=2.5,则表达式(int)a+b/b 的值是(　　　)。

　　A. 6.500 000　　　　B. 6　　　　　　C. 5.500 000　　　　D. 6.000 000

(3) 设有以下定义:

```
int a = 0;
double b = 1.25;
char c = 'A';
♯define d 2
```

则下面语句中错误的是(　　　)。

　　A. a++;　　　　　B. b++;　　　　　C. c++;　　　　　D. d++;

(4) 若已定义变量 x 和 y 为 double 类型,则表达式 x=1,y=x+3/2 的值是(　　　)。

　　A. 1　　　　　　B. 2　　　　　　C. 2.0　　　　　　D. 2.5

(5) 有定义语句 int x,y;。若要通过 scanf("%d,%d",&x,&y);语句使变量 x 得到数值 11,
变量 y 得到数值 12,下面四组输入形式中,正确的是(　　　)。

　　A. 11 12↙　　　B. 11,12↙　　　C. 11↙12↙　　　D. 11,↙ 12↙

(6) 若有以下程序段:

```
int c1 = 1, c2 = 2,c3;
c3 = 1.0/c2 * c1;
```

则执行程序后,变量 c3 的值是(　　　)。

　　A. 0　　　　　　B. 0.5　　　　　　C. 1　　　　　　D. 2

(7) 执行以下程序段后,变量 w 的值为(　　　),变量 x 的值为(　　　)。

```
int w = 'A',x = 10,y = 15;
x = ((x&&y)||(w = 'B'));
```

(8) 设有定义:int a=7;float x=2.5,y=4.7;,则计算表达式 x+a%3 * (int)(x+y)%2/4
的值。

(9) 写出判断一个年份是否为闰年的表达式。一个年份是闰年的条件是年份或者能被 4 整
除但不能被 100 整除;或者能被 400 整除。

(10) 写出根据华氏温度 F 求摄氏温度 C 的表达式,华氏与摄氏温度之间的关系为

$$C = \frac{5}{9}(F - 32)$$

(11) 思考下述程序的运行结果。

```
♯include < stdio.h>
int main()
{
    int a = 2,b = 4,c = 6,x,y;
    y = x = a + b,b + c;
```

```
    printf("y=%d,x=%d",y,x);
    return 0;
}
```

2. 提高部分

（1）设有以下定义：

```
float a=2, b=4, h=3;
```

以下 C 语言表达式的计算结果与代数式 $\dfrac{(a+b)h}{2}$ 的计算结果不一样的是（　　）。

    A．(a+b)*h/2   B．(1/2)*(a+b)*h

    C．(a+b)*h*1/2   D．h/2*(a+b)

（2）设变量 x 为 float 类型且已赋值，则下列语句中能将 x 中的数值保留到小数点后两位，并将第三位四舍五入的语句是（　　）。

    A．x=x*100+0.5/100.0;   B．x=(x*100+0.5)/100.0;

    C．x=(int)(x*100+0.5)/100.0;   D．x=(x/100+0.5)+100.0;

（3）设有 int x=11;，则表达式(x++ *1/3)的值是（　　）。

    A．3   B．4   C．11   D．12

（4）如下程序段的输出结果为_____。

```
#include<stdio.h>
int main()
{
    int i;
    char c='2';
    i=c+2;
    printf("%d%d",c,i);
    return 0;
}
```

（5）已有定义 char c='';int a=1,b;（此处 c 的初值为空格字符），执行语句 b!=c&&a;后 b 的值为_____。

（6）运行以下程序后输出结果是_____。

```
#include<stdio.h>
int main()
{
    int x,a=1,b=2,c=3,d=4;
    x=(a<b)?a:b;    x=(x<c)?x:c;    x=(d>x)?x:d;
    printf("%d\n",x);
    return 0;
}
```

（7）用 C 语言描述下列命题：

① a 是奇数；

② a 或 b 都大于 c；

③ a 和 b 其中之一小于 c；

④ a 是非正整数；

⑤ a 不能被 b 整除；

⑥ a 大于 1 且小于 10。

（8）分析下列两段程序，理解自增自减运算符。

第一段：

```
#include <stdio.h>
int main()
{
    int i,j,m,n;
    i = 8;
    j = 10;
    m = ++ i;
    n = j++ ;
    printf("%d,%d,%d,%d",i,j,m,n);
    return 0;
}
```

第二段：

```
#include <stdio.h>
int main()
{
    int i,j,m,n;
    i = 8;
    j = 10;
    printf("%d,%d,%d,%d",i,j,++ i,j++ );
    return 0;
}
```

2.8　拓展阅读

计算机语言的发展

计算机语言的发展是一个不断演化的过程,其根本的推动力就是抽象机制更高的要求,以及对程序设计思想的更好地支持。具体地说,就是把机器能够理解的语言提升到能够很好地模仿人类思考问题的形式。计算机语言的演化从最开始的机器语言、汇编语言、各种结构化高级语言,最后到支持面向对象技术的面向对象语言。

1. 第一阶段——机器语言

人类刚刚诞生,社会只是雏形,生产力极度低下,人类却享有最多的自由。

1946 年,冯·诺依曼的第一台现代计算机诞生时的情形和人类诞生的原始社会像极了。当时的"程序员"是精通电子技术的专家,他们通过设计复杂的电路板来完成各种计算工作,而计算机也仅仅用来满足最根本的需要——军事。"程序员"是计算机的主人,能操作所有的硬件资源,指挥那个笨拙的庞然大物完成种种不可思议的任务。

(1) 语言的诞生。

I/O 的发展促使了语言的诞生。穿孔纸带的产生使程序员不必具有太多的电子技术知识,程序员只需要懂得计算机的语言(或指令),就能与计算机交流。计算机所能听懂的语言是由 0 和 1 组成的数字串,这就是机器语言。程序员辛苦地在纸带上打孔,向计算机发送指令。

推测一下下面这个简单的程序用机器语言来写是什么样子。

```
void()
{
    int i,j,k;
    i = 1;
    j = 1;
    k = i + j;
}
```

没有人会对机器语言感兴趣，它的代码释义如下：

将内存位置为 40000 的一个机器字（如果是 32 位计算机的话）置为 1；

将内存位置为 50000 的一个机器字（如果是 32 位计算机的话）置为 1；

将内存位置为 40000 和 50000 的两个机器字相加，并将结果置给内存位置为 60000 的机器字。

因为程序员可以控制所有硬件资源，所以他们可以指定任意内存位置来使用（只要硬件允许），所以上述的 40000 等也可以是其他内存位置。

前辈程序员就这样过着自由且俭朴的生活。

社会持续进步，I/O 继续发展，新型的 I/O 设备，如磁带、键盘等的出现使穿孔纸带被丢进了垃圾堆。但程序员们依然平等、自由。

（2）第一阶段的结束。

"特权阶级"的出现标志着第一阶段即将结束，"贵族"就是操作系统。"贵族"垄断了部分特权，程序员们再不能像以前那样操作所有的硬件资源了，相当多的资源由操作系统接管，程序员们失去了部分自由，却换来了开发效率的提高。

再考虑一下上面那个小程序用机器语言实现应该是什么样子。

版本 1：

将内存位置为 40000 的一个机器字（如果是 32 位计算机的话）置为 1；

将内存位置为 50000 的一个机器字（如果是 32 位计算机的话）置为 1；

将内存位置为 40000 和 50000 的两个机器字相加，并将结果置给内存位置为 60000 的机器字。

看起来版本 1 似乎与以前的实现几乎相同，但实际上，这里的 40000 等数字已经不是实际的内存位置了，操作系统来负责选用实际的内存位置，也就是说，操作系统将负责将程序（进程）地址映射为实际的物理地址。

版本 2：

将栈指针（pStack）向下移动 12 字节；

将内存位置为 pStack-12 的一个机器字置为 1；

将内存位置为 pStack-8 的一个机器字置为 1；

将上述两个位置的机器字相加，并赋值给内存位置为 pStack-4 的机器字。

版本 2 的实现前提是硬件中存在栈指针寄存器，幸运的是，x86 系列 CPU 满足这一点。

不管喜欢与否，程序员们最自由的时代过去了。在这个伟大的时代里，每个程序员都通晓一切，他们清楚地知道自己的程序是怎样运行的，很少有迷惘与焦虑，因为他们是计算机的主人。但这个时代已经一去不复返了。

机器语言，这个最根本的语言也被丢给了编译程序，程序员们再也不用记忆那些难懂的 0、1 字串了！

2. 第二阶段——汇编语言

正因为机器语言十分难记，程序员逐渐使用助记符来代替 0、1 字串，如 ADD、MOVE 等。助记符只是对机器语言的简单的替换，但仅仅这样仍算是一个巨大的进步，汇编语言的出现大大提高了程序员的开发效率。

计算机当然看不懂汇编语言，编译程序负责将汇编语句翻译成机器语言。早期的汇编语句与机器语言之间是一一对应的关系。但这种机械的平均主义显然成了社会发展的障碍。能者多劳,一句汇编语句可能抵得上好几句的机器语言。这种抽象提高了程序员的工作效率,但使程序员与机器越来越远。随着社会的进步,程序员正逐步失去自由。

人的本性是贪婪的,为获得更高的效率,程序员们很愿意付出自由的代价,他们正呼唤着更加抽象的语言,可以屏蔽掉所有的机器细节,社会正酝酿着革命。

3. 第三阶段——高级语言的诞生

Fortran 的出现标志着一个新时代的到来,从此程序员可以从复杂的机器细节中抽身,再不用管内存、寄存器等琐碎的事情了,当然这是计算机历史上的一次伟大的革命。

(1) 第三阶段早期——goto 横行的时代。

goto 由于他的灵活和高效成了程序员们竞相追捧的工具,有关 goto 的种种复杂诡异的技巧在程序员之间传颂。goto 甚至成了衡量程序员水平的标尺。程序员们虽然失去了控制硬件资源的自由,却在高级语言的使用上不受任何限制。程序员可以使用任意的风格,诡异的技巧,写出除他们之外谁也看不懂的程序。

(2) 第三阶段后期——结构化程序设计。

当大多数程序员还沉浸在 goto 带给他们的自由与荣耀时,天才人物 Edsger Dijstan 却敏锐地发现了 goto 带来的种种问题。这位荷兰传奇科学家发表了他的著名论文《goto 有害论》,轰动了整个计算机界。Edsger Dijstan 指出,goto 是导致程序复杂、混乱、难以理解的罪魁祸首,它还使效率难以度量,程序难以维护。

程序员通过努力,总结出一套行之有效的程序设计方法,称为结构化程序设计。程序员不能再随心所欲地编码了,goto 成了程序员们避之不及的毒药。又一次,程序员为了社会的进步,付出了自由的代价。

4. 第四阶段——面向对象的语言

历史的车轮不可阻挡,结构化程序设计没有风光太久,就不得不将风头让给了新兴贵族——面向对象。

自第一个成功的面向对象语言 Smalltalk 问世以后,人们纷纷搭乘面向对象快车,种种新兴的面向对象语言不断出现,而一些古老的语言也不甘寂寞,为自己披上了面向对象外衣。最成功的面向对象语言有 C++、Java 等。

C++ 是对 C 的扩展。C 是第三阶段中最有影响力的语言,它以灵活、高效闻名于世。C++ 继承了 C 的优点,奇迹般地在没有损失太多效率的情况下支持了所有的面向对象特征。但是,正因为 C++ 有太多的传统需要传承,它身上有太多非面向对象的特点,所以它并不是一个"纯"的面向对象语言。而且,C++ 支持了很多面向对象中很有争议的特征,如多重继承、虚继承(如果你不想跟自己过不去,就别使用它们)等,使 C++ 成为一种非常复杂的语言。有人甚至认为,C++ 的规模之大,有甚于 Ada(Ada Programming Language)(就个人看来,Ada 真是一种复杂的语言,它的强类型检查使编程受到束缚)。

相比之下 Java 就"纯洁"多了。Java 脱胎于 C++ 却摒弃 C++ 中许多不符合面向对象规范的特征,并努力使自己简单。Java 并不仅仅是一种程序设计语言,它还代表了一种潮流,Java 程序拥有一个统一的运行环境——Java 虚拟机,所以它可以轻易地跨越平台,成为各大厂商的新宠。与 C++ 相比,Java 最大的缺点就是运行效率低,但随着 Java 本身和硬件的持续发展,这个缺点越来越不明显,而开发效率的明显提高使大批 C++ 程序员转投 Java 阵营。有人甚至认为,Java 将会像高级语言取代汇编语言那样取代 C++ 语言。

当前,新技术、新思想、新名词层出不穷,令人眼花缭乱。各种技术领域越来越走向分化,程序员们距离底层实现越来越远，不懂的领域越来越多，也越来越感到焦虑和迷惘，程序员已经由计算机的主人变成了它的奴隶。

5. 计算机语言的未来趋势

从机器语言、汇编语言到现在的高级语言，计算机语言经历了 70 多年的发展和改革，至今计算机语言仍在不断地发展。而对于现在的高级语言来说，未来的计算机语言会趋于标准化、更强的可移植性，在网络化的当代使得新的应用程序有更高的兼容性。从机器语言到高级语言可以看出，语句的简练是一个重要的方向，更加偏向于自然语言、更加符合人类的语言是计算机语言的一个发展方向。近几年来，语音识别技术、人工智能技术的兴起也为自动化实现语言、自动化实现编程提供了更好的前景，将自然语言编译为计算机所能够识别的机器语言，最后完成程序设计工作。计算机的作用是使得人类的生活变得更简单，所以计算机语言也会朝着自然语言的方向发展，便于人们理解和使用。

C 语言程序设计是面向过程的结构化程序设计,其中可以执行的流程分为 3 种:顺序结构、选择结构、循环结构。顺序结构是程序流程控制的基本结构,为了实现各种功能的算法,除了按照正常的流程顺序执行外,还需要改变顺序控制流程以实现某种功能,这时需要用到选择结构、循环结构。

(1) 顺序结构:自上而下顺序执行每一条语句。

(2) 选择结构:根据某种条件是否成立,选择执行不同的语句。

(3) 循环结构:根据条件(循环条件)决定是否重复执行一些语句(循环体)。

本章主要介绍选择结构,包括 if 语句和 switch 语句及它们的应用。学习时要关注以下问题:

(1) 两种主要选择结构的语法和用法,包括条件表达式的编写、执行路径的选择等;

(2) 如何利用选择结构解决实际问题。

3.1 语句

一个程序由若干语句构成,语句的作用是向计算机系统发出操作指令,要求执行相应的操作。C 语言中的语句主要有控制语句、表达式语句、空语句、复合语句、函数调用语句等。

1. 控制语句

完成一定的控制功能,C 语言中有以下 9 种控制语句。

if…else(条件语句)、for(循环语句)、while(循环语句)、do…while(循环语句)、continue(结束当前循环语句)、break(终止执行 switch 或循环语句)、switch(多分支选择结构)、return(从函数返回语句)、goto(转向语句)。

2. 表达式语句

表达式加分号就构成了表达式语句。

最典型的是由赋值表达式加分号构成一个赋值语句。例如,i=i+1 或 i++ 是表达式,而"i=i+1;"和"i++;"是表达式语句。赋值表达式可以包含在其他表达式中,但赋值语句不能包含在其他语句和表达式中。例如,while((ch=getchar())!=='\n');语句中的条件表达式包含赋值表达式 ch=getchar(),但不能包含赋值语句 ch=getchar();。该语句的执行是首先进行赋值运算 ch=getchar(),然后判断变量 ch 是否为换行符'\n',如果不是,则继续执行循环体内的代码,直到遇到换行符为止。

任何表达式都可以加上分号而成为语句,包括算术运算表达式、关系运算表达式、逻辑运算表达式等。如 3+5*4;是一条合法语句,只是没有将运算结果赋值给任何一个变量,所以单独执行没有意义。

3. 空语句

只有分号的语句就是空语句。它什么都不做。空语句有时用作转向点,或用作循环语句中的循环体,表示循环体什么也不做。例如,while((ch=getchar())=='');该语句表示将跳过输入字符串中的空白字符，直到遇到非空白字符为止。执行过程中，首先会执行 ch=getchar()，将输入的字符赋值给变量 ch，然后检查这个字符是否为空白字符，如果是，则继续执行循环体内的代码，即继续读取下一个字符，直到遇到非空白字符为止。

4. 复合语句

用一对大括号"{"和"}"括起来的语句就是复合语句，多用于选择结构、循环结构中。在程序结构上，复合语句看作一个整体，但是内部可能完成了一系列工作。例如：

```
{   x = 3;
    printf("x =% d",x);
}
```

5. 函数调用语句

由函数调用加一个分号构成一个语句，例如：

```
printf("Hello world!");          //调用库函数 printf()
```

> Tips
>
> ① C 语言中每一条语句在最后必须出现分号，分号是语句中不可缺少的组成部分，而不是两个语句间的分隔符号。
> ② 赋值表达式可以包含在其他表达式中，但赋值语句不能包含在其他语句和表达式中。
> ③ 空语句可用作循环语句中的循环体，表示循环体什么也不做。
> ④ 复合语句是用一对大括号"{"和"}"将语句括起来完成了一系列工作。

视频讲解

3.2　if 语句

C 语言中的 if 语句用来判断给定条件是否满足，根据判断结果决定执行相应的操作，C 语言提供了 4 种形式的 if 语句，分别是单分支的 if 语句、双分支的 if…else 语句、多分支的 else…if 语句及嵌套的 if 语句。

▶ 3.2.1　单分支 if 语句

单分支 if 语句格式如下，其中表达式一般是关系表达式或逻辑表达式。

```
if(表达式)
    语句段
```

执行时先计算表达式的值，如果表达式的值为真，执行后面的语句段；否则不执行，即跳过该语句段，继续执行后面的语句。其流程图如图 3.1 所示。

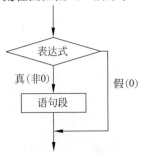

图 3.1　单分支 if 语句的流程图

【例 3.1】 3 个数字排序。

【问题描述】 输入 3 个整数 a,b,c,要求将它们从大到小排序后输出。

【问题分析】 对 3 个数进行排序,可以将最大的放在 a 中,最小的放在 c 中,按照 a,b,c 的顺序输出即可。将最大的放在 a 中,需要将 a 分别与 b、c 进行比较,如果 a 小进行交换即可;将最大的数换在 a 中后,再比较一下 b 和 c,将较小的放在 c 中即可。

【参考代码】

```c
#include<stdio.h>
int main()
{
  int a,b,c,t;
  scanf("%d%d%d",&a,&b,&c);
  if(a<b){
    t=a;a=b;b=t;
  }
  if(a<c){
    t=a;a=c;c=t;
  }
  if(b<c){
    t=b;b=c;c=t;
  }
  printf("%d %d %d\n",a,b,c);
  return 0;
}
```

【代码分析】 使用 if 语句时,如果表达式的值为非 0,则其后只能执行一条语句时,可采取逗号表达式:

```c
if(a<b)
  t=a,a=b,b=t;
```

【拓展思考】 如何对 4 个数进行排序?

> Tips
> ① if 语句根据表达式的真假来决定是否执行语句段。
> ② if 语句后面的表达式可以是逻辑表达式或关系表达式,也可以是其他表达式,甚至是一个变量,表达式非 0 为逻辑真,0 为逻辑假。
> ③ 这里所说的语句段可以是一条语句,也可以是多条语句,甚至是一个控制结构(如果是个控制结构,就组成了嵌套的控制结构);如果是一条语句,不要漏掉语句后的分号;如果是多条语句,需要用"{"和"}"括起来,形成复合语句。

▶ 3.2.2 双分支 if…else 语句

if…else 双分支语句的一般形式如下,可以根据表达式结果选取两路指令序列中的一路进行操作。

```
if(表达式)
    语句段 1
else
    语句段 2
```

执行时先计算表达式的值,如果表达式的值为真(非 0),执行语句段 1;否则执行语句段 2。其流程图如图 3.2 所示。

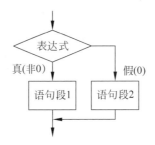

图 3.2　双分支 if…else 语句的流程图

【素质拓展】　鱼与熊掌不可兼得

根据条件真假来选择是执行语句段 1 还是语句段 2,如同"鱼与熊掌不可兼得",探讨生活中遇到的两难选择时要如何取舍,人生路上有很多需要做选择的情况,要树立正确的人生观和价值观,特别当面临个人利益与社会利益乃至国家利益冲突时,要以大局为重,以社会利益、国家利益为重。

【例 3.2】　求两个数中的较大者。

【问题描述】　输入两个整数 a,b,求其中的较大者。

【问题分析】　本题旨在考查 if…else 语句,对给定的两个数进行判断,输出较大的数。

【参考代码】

```c
# include < stdio. h>
int main()
{
  int a,b,c;
  scanf(" % d % d",&a,&b);
  if(a < b)
    c = b;
  else
    c = a;
  printf(" % d\n",c);
  return 0;
}
```

【拓展思考】　输入 3 个数,输出其中的最小数,要求采用 if…else 双分支语句来实现。

Tips

① if…else 语句是根据表达式的真假从语句段 1 和语句段 2 中选择一路来执行。

② 在双分支结构中,else 必须与 if 配对使用,构成 if…else 语句,实现双分支选择。

③ 语句段 1 和语句段 2 可以是一条语句,也可以是多条语句,甚至是一个控制结构;如果是多条语句,需要用"{"和"}"括起来,形成复合语句。

▶ 3.2.3　多分支 else…if 语句

根据一个条件的真假,可以分成两支解决问题的路线。若一个问题有 n 种情况,就需要 n−1 个条件,依次判断给定的 n−1 个条件,以确定从 n 组操作中选择某一组的结构称为多分支结构,其格式如下。

```
if(表达式 1)
    语句段 1
else if(表达式 2)
    语句段 2
else if(表达式 3)
    语句段 3
...
else if(表达式 n-1)
    语句段 n-1
else
    语句段 n
```

在多分支 else…if 语句中依次计算表达式 i(i=1,2,…,n-1)的值,当表达式 i 为真时,执行与之相关的语句段 i,并以此结束整个多分支结构的执行。其流程图如图 3.3 所示。

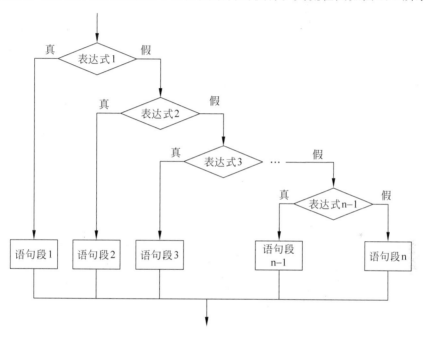

图 3.3　多分支 else…if 语句的流程图

【例 3.3】　判断字符。

【问题描述】　从键盘输入一个字符,根据字符的 ASCII 值,判断它是数字、大写字母、小写字母,还是其他字符,并输出说明结果。

【问题分析】　根据输入的字符,逐步判断字符所在的范围,N-S 图如图 3.4 所示。

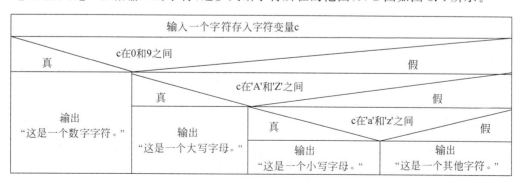

图 3.4　例 3.3 的 N-S 图

【参考代码】

```
#include<stdio.h>
int main()
{
    char c;
    printf("请输入一个字符:");
    c = getchar();
    if(c>= '0'&&c<= '9')
        printf("这是一个数字字符。\n");
    else if(c>= 'A'&&c<= 'Z')
        printf("这是一个大写字母。\n");
    else if(c>= 'a' &&c<= 'z')
        printf("这是一个小写字母。\n");
    else
        printf("这是一个其他字符。\n");
    return 0;
}
```

【拓展思考】 输入一个字母(大写或小写)，输出其对应的另一字母(小写或大写)。

▶ 3.2.4 if 嵌套

在 if…else 语句中语句段 1 和语句段 2 既可以是一个简单的语句，也可以是另一个 if…else 语句，从而形成 if…else 语句的嵌套。一般结构形式如下：

```
if(表达式 1)
    if(表达式 2)
        语句段 1              //表达式 1 为真,且表达式 2 也为真时执行
    else
        语句段 2              //表达式 1 为真,且表达式 2 为假时执行
else
    语句段 3                  //表达式 1 为假时执行
```

也可以有如下结构：

```
if(表达式 1)
    语句段 1                  //表达式 1 为真时执行
else
    if(表达式 2)
        语句段 2              //表达式 1 为假,且表达式 2 为真时执行
    else
        语句段 3              //表达式 1 为假,且表达式 2 为假时执行
```

或如下结构：

```
if(表达式 1)
    if(表达式 2)
        语句段 1              //表达式 1 为真,且表达式 2 也为真时执行
    else
        语句段 2              //表达式 1 为真,且表达式 2 为假时执行
else
```

```
    if(表达式 3)
        语句段 3                     //表达式 1 为假,且表达式 3 为真时执行
    else
        语句段 4                     //表达式 1 为假,且表达式 3 也为假时执行
```

【例 3.4】　求一元二次方程的根。

【问题描述】　利用公式 $x=\dfrac{-b\pm\sqrt{b^2-4ac}}{2a}$ 求一元二次方程 $ax^2+bx+c=0$ 的根,其中 a 不等于 0。要求输出一行,表示方程的解。

若 $b^2=4ac$,则两个实根相等,输出为 $x_1=x_2=\dfrac{-b}{2a}$。

若 $b^2>4ac$,则两个实根不等,输出为 $x_1=\dfrac{-b+\sqrt{b^2-4ac}}{2a}$,$x_2=\dfrac{-b-\sqrt{b^2-4ac}}{2a}$,其中 $x_1>x_2$。

若 $b^2<4ac$,则有两个虚根,输出为"x_1=实部+虚部 i;x_2=实部-虚部 i",实部为 0 时不可省略。实部$=-b/(2a)$,虚部$=sqrt(4ac-b^2)/(2a)$。

所有实部要求精确到小数点后 5 位,数字、符号之间没有空格。

【问题分析】　本题旨在考查 if…else 嵌套结构和输出的格式控制,需要根据不同的情况进行处理。

【参考代码】

```
# include < stdio. h>
# include"math. h"
int main()
{
  double a,b,c,delta,x1,x2,y1,y2,t;
  scanf("%1f%1f%1f",&a,&b,&c);
  if(fabs(a)<1e-6)                    //判断 a 是否相当小
    printf("输入的系数不能构成二次方程!");  //a=0 时不是二次方程
  else
  {
    delta = b*b-4*a*c;
    if(fabs(delta)<1e-6)              //△=0 时有两个相等的根
      printf("x1=x2=%.5lf\n", -b/(2*a));
    else
      if(delta>0)                    //△>0 时有两个实数根
      {
        x1 = (-b+sqrt(delta))/(2*a);  //sqrt 函数用来求出参数的平方根
        x2 = (-b-sqrt(delta))/(2*a);
        if(x1<x2)                    //交换两个实根
          t = x1,x1 = x2,x2 = t;
        printf("x1=%.5lf;x2=%.5lf",x1,x2);
```

```
        }
        else                           //Δ<0 时有两个复数根
        {
        x1 = - b/(2 * a);
        y1 = sqrt( - delta)/(2 * a);
        y2 = - sqrt( - delta)/(2 * a);
        if(y1 < y2)                     //交换两个虚根
         t = y1, y1 = y2, y2 = t;
        printf("x1 = %.5lf", x1);
        if(y1 > 0)
           printf(" + %.5lfi;x2 = %.5lf", y1, x1);
        else
           printf(" %.5lfi;x2 = %.5lf", y1, x1);
        if(y2 > 0)
           printf(" + %.5lfi", y2);
        else
           printf(" %.5lfi", y2);
        }
    }
    return 0;
}
```

【代码分析】 程序中用变量 delta 表示公式 b^2-4ac，先计算 delta 的值，以减少以后进行判断和计算时的重复计算。当判断变量 a 和 delta（即 b^2-4ac）是否等于 0 时，要注意一个问题，由于 a 和 delta 是实数，而实数在计算和存储时会有一些微小的误差，因此不能直接用"a == 0"和"delta == 0"进行判断，因为这样可能会对本来是零的量，由于出现误差而被判断为不等于 0，从而导致结果错误。本例中采取的办法是使用 fabs()函数判断它们的绝对值是否小于或等于一个很小的数（如 10^{-6}），如果小于或等于此数，就认为它们等于 0。

【素质拓展】 工匠精神

该问题采用了选择结构嵌套来解决，是由简单到复杂的过程，只有独立思考，才能学到知识、掌握技能。面对复杂问题，也只有思考方能明白其中奥妙，懂得正确选择。程序编写过程中，有不完善之处，如对于是否等于 0 的判断，要写成 fabs(delta)<1e－6，这要求学生要养成逻辑严密、精益求精的工匠精神，尽量把事情做到极致。

【拓展思考】 下述分支结构中，语句 2 的执行条件是什么？

```
if(表达式 1)
    if(表达式 2)
        语句 1
else
    语句 2
```

【提示】 else 与表达式 2 对应的 if 匹配，所以语句 2 执行的条件是表达式 1 为真，表达式 2 为假。在编写程序时要正确地安排语句的缩进格式，本练习中的缩进格式就不正确，容易引起误解。

3.3 switch 语句

视频讲解

对于多分支结构,使用 else…if 语句形式编程,得到的程序往往变得冗长,降低可读性,这时可以采用 C 语言提供的 switch 语句(又称开关语句)来实现多分支结构。其一般格式如下:

```
switch(表达式)
{
  case 常量表达式 1:语句段 1;[break;]
  case 常量表达式 2:语句段 2;[break;]
  …
  case 常量表达式 n:语句段 n;[break;]
  [default:语句段 n+1;]
}
```

执行时先计算 switch 后面表达式的值,然后逐个与 case 中的常量表达式的值比较。如果两者相等,执行相应 case 后面的语句段,如果 case 语句段后有 break 语句,执行完语句段后则控制跳出 switch 语句,执行 switch 之后的语句;如果 case 语句段后没有 break 语句,执行完语句段后将继续往下执行后面所有 case 后的语句,直到有 break 或者遇到 switch 语句的"}"中止该结构。如果两者不相等,继续执行下一个 case 结构进行判断。若表达式的值与所有 case 中的表达式的值均不相等时,执行 default 后面的语句。switch 语句的流程图如图 3.5 所示。

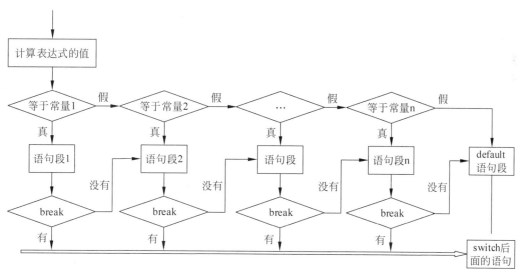

图 3.5 switch 语句的流程图

【例 3.5】 等级成绩。

【问题描述】 学院的考试采用等级制,即将百分制转换为 A、B、C、D、E 这 5 个等级,设成绩为 X,则 $90 \leqslant X \leqslant 100$ 为 A,$80 \leqslant X < 90$ 为 B,$70 \leqslant X < 80$ 为 C,$60 \leqslant X < 70$ 为 D,$X < 60$ 为 E。编写一个程序,将输入的分数转换成 A、B、C、D、E 这 5 个等级。

【问题分析】 本题旨在考查 switch 语句的应用。对问题进行分析,将成绩分为 5 个区间,考虑到 switch 后面的表达式只能是整型,因此需要将输入的浮点数转换成整型,因此,可以有效利用整数的整除,将输入的成绩转换为 0~10 的整数。

【参考代码】

```
#include <stdio.h>
int main()
{
  float score;
  scanf(" %d",&score);
  switch((int)score/10)
  {
    case 10:
    case 9:printf("A");break;
    case 8:printf("B");break;
    case 7:printf("C");break;
    case 6:printf("D");break;
    default:printf("E");
  }
  return 0;
}
```

【代码分析】 (int)score 是将输入的浮点数转换为整数，整除 10 后会产生 0～10 的相关整数。考虑到 0～5 这 6 种情况对应等级 E，因此将其放入 default 中。当结果是 10 和 9 时，均为等级 A，因此，case 10 后面不增加任何代码，只是作为一个标号存在。输出相应的等级后，增加 break 语句，结束相应的判断。

【拓展思考】 用 switch 语句编制程序，输入 10 个学生的 C 语言成绩（百分制整型数），统计各等级的人数。其中 A 级：90～100，B 级：80～89，C 级：70～79，D 级：60～69，E 级：<60。

Tips

① switch 后面小括号中表达式的类型必须是整型或字符型。

② case 后面的"常量表达式"的值必须是整型或字符型，case 后面的常量表达式的值互不相同，否则会出现矛盾的现象，用中括号括起来的 default 子句可以省略。

③ case 后面的"常量表达式"起一个程序入口的标号作用。系统一旦找到入口标号，从此标号处开始执行，不再与其后 case 语句的常量表达式进行比较判断，所以为了终止一个分支的执行，需要在相应的分支末尾加一个 break 语句，跳出 switch 语句，使得程序转向 switch 后面的语句。

④ 多个 case 语句可以共同使用一组执行语句，某个 case 后面如果有多条执行语句，不必用"{"和"}"括起来。

⑤ switch 语句的执行都用"{"和"}"括起来，不能省略。

3.4 本章小结

本章所涉及的知识思维导图如图 3.6 所示。首先介绍了 C 语句的分类和按语句顺序执行的顺序结构及应用，然后重点讲解了选择结构的两种基本语句：if 语句（if 单分支、if…else 双分支、else…if 多分支、if 嵌套）和 switch 语句（多分支的操作，注意合理使用 break）。结合具体案例能够合理使用选择结构，这是学习本章的目的。

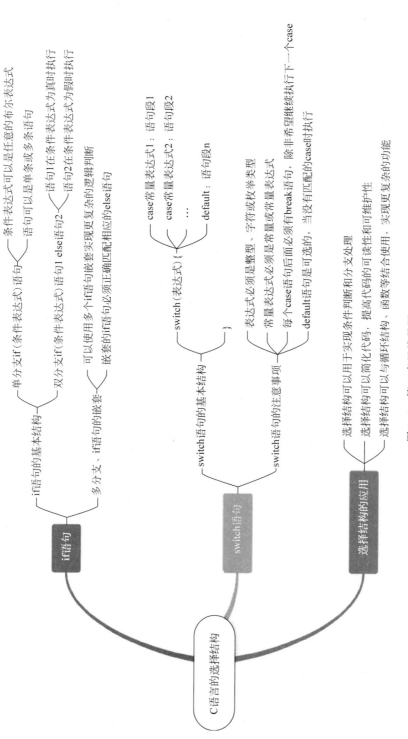

图 3.6 第 3 章思维导图

在线测试

3.5 拓展习题

1. 基础部分

（1）如果整型变量 a 原来的值为 4，则 if(a==3) 和 if(a=3) 的判断结果有什么区别？

（2）编制程序，输入一个整数，用单分支结构求其绝对值，并输出。

（3）输入一个 0～100 的考试得分数，如果该得分数小于 60，输出"不及格"；如果该得分数大于或等于 60，输出"及格"。

（4）输入一个整数，判断并输出它是偶数还是奇数。

（5）超市买白菜问题：已知某超市内大白菜的单价是根据单次购买的重量来决定的，单次购买 5 kg 以下 1.8 元/kg，5 kg 以上（包括 5 kg，下同）1.6 元/kg；10 kg 以上 1.4 元/kg；20 kg 以上 1.0 元/kg。编程输入购买大白菜的千克数，输出应付的钱数。

（6）某公司销售人员的工资算法如表 3.1 所示。销售的产品单价为 1000 元/件，若每月销售 5 件以下（不含 5），没有提成；5 件以上 10 件以下（含 5，不含 10），该部分每件提成 4%；若每月销售 10 件以上 15 件以下（含 10，不含 15），该部分每件提成 6%；每月销售 15 件以上（含 15），该部分每件提成 10%。编制程序完成以下要求：输入销售件数，输出销售人员的工资。

表 3.1 销售提成计算表

销售件数 x	底薪工资/元	提成比例
[1,5)	2000	0
[5,10)	2000	4%
[10,15)	2200	6%
≥15	2500	10%

（7）画出 if 嵌套中 3 种分支结构的流程图。

（8）执行下面的程序后，变量 y 的值是（　　　）。

    A. 1000　　　　　　B. 1200　　　　　　C. 1400　　　　　　D. 3400

```
#include<stdio.h>
int main()
{
    int x,y;
    x=7;
    if(x<6)
        y=1000;
    else
      if(x<=18)
            y=(x-6)*200+1000;
      else
            y=(x-18)*300+3400;
    printf("y=%d.\n",y);
    return 0;
}
```

（9）某市出租车的收费情况只有两种。一种是起步价为 7 元，车程 3 km；3 km 以上 1.2 元/km；6 km 以上要加收 50% 的回空费，即 1.8 元/km。另一种是排气量在 1.8 L 以上的豪华型轿车，起步价 10 元，车程也是 3 km；3 km 以上 1.8 元/km；6 km 以上加收 50% 的回空费，即 2.7 元/km。低速行驶及等待，每 5 min 按照 1 km 计费。编写程序完成以下要求，输入乘坐的车型、行驶里程数和低速行驶时长,计算并输出应付的出租车费(四舍五入到元)。

(10) 输入年、月数,求该年该月的天数。

(11) 简单计算器模拟,输入两个整数和一个运算符,输出运算结果。

(12) 定义如下的分段函数,输入 x 值编程实现 y 值的求解。

$$y=\begin{cases} -x^2 & x<-1 \\ \sqrt{x}+2x-1 & x>5 \\ x^2+3x+1 & \text{其他} \end{cases}$$

2. 提高部分

(1) 输入一个正整数,不超过 1000,判断它是否是两位数(即大于或等于 10 且小于或等于 99)。

(2) 键盘上按照"年月日"的格式输入年份、月和日期,运行程序后,判断这一天是这一年的第几天。

(3) 编制程序判断输入的数值 n 能否被 3 整除。

(4) 水仙花数是一个三位正整数,它的每个位的 3 次方之和恰好等于它本身,如 $153=1^3+5^3+3^3$。输入一个正整数 $n(100\leqslant n\leqslant 999)$,编程判断该数是否为水仙花数,如果是输出 Yes,否则输出 No。

(5) 小林同学在操场跑步,他总共跑了 x 秒,请编程将其拆解为小时、分钟、秒输出。

(6) 某商场客户分为白金卡、金卡、银卡和普通用户。为了回馈广大顾客,现推出以下优惠活动:

① 白金卡会员,享受 7 折优惠;

② 金卡会员,享受 8 折优惠;

③ 银卡会员,享受 9 折优惠;

④ 普通用户,享受 9.5 折优惠。

根据用户的身份和购买商品的价值,编程给出应付金额。其中会员身份可用字母表示,例如,P 表示白金卡会员,G 表示金卡会员,S 表示银卡会员,其他字母表示普通用户。

(7) 输入两个时间点(24 小时制),输出两个时间点之间的时间间隔,时间间隔用"时:分:秒"表示。如 3 时 5 分 25 秒应表示为 03:05:25。假设两个时间在同一天内,时间先后顺序与输入无关。

3.6　拓展阅读

计算机程序之母——艾达·洛芙莱斯(Ada Lovelace)

艾达·洛芙莱斯(Ada Lovelace,1815 年 12 月 10 日—1852 年 11 月 27 日,见图 3.7)是 19 世纪英国数学家查尔斯·巴贝奇(Charles Babbage)的合作伙伴,被认为是世界上第一个真正意义上的计算机程序员。她为了给程序设计"算法",制作了第一份程序设计流程图,作为计算机程序的创始人,建立了循环和子程序等现代编程领域极为重要的概念。如果不是她,这世界上就没有程序员这个职业了!

洛芙莱斯是著名英国诗人拜伦之女,颜值很高,擅于思考,从小就在数学和科学方面展示出了非凡的天赋。她接受了一流的教育,包括数学、科学和音乐方面的培训。这些教育背景为她后来的成就打下了坚实的基础。

图 3.7　艾达·洛芙莱斯

天资聪颖的艾达之所以成为一名程序员还得从巴贝奇和他的分析机说起。出生于伦敦的艾达，17 岁时在剑桥大学第一次遇见了著名的数学家、发明家兼机械工程师查尔斯·巴贝奇，而这次相遇成了艾达人生的转折点。巴贝奇当时正在设计一种称为分析机的计算设备，而艾达则致力于为这台分析机编写算法。

艾达不仅理解了分析机的计算能力，还设想出一种方法来编写指令，以使机器能够进行一系列复杂的数学计算。她的想法包括使用循环、条件和递归等程序设计概念，这些概念在当时是前所未有的。

艾达在她的笔记中写下了一些关于分析机的见解，这些见解被认为是计算机科学史上的里程碑。她提出了一种概念，即分析机不仅可以进行数学计算，还可以应用于各种领域，甚至可以创造出音乐和艺术作品。这些预言性的见解揭示了计算机在未来可能发展的潜力。

尽管由于当时技术的局限性导致分析机最终无法实现，但是艾达在这个过程中提出的各种编程概念以及她对于计算的理解，对日后编程界产生了巨大的影响。从这一点上看，艾达当之无愧成为世界公认的第一位程序员。艾达的故事激励着许多人，特别是女性，鼓励她们在科学和技术领域追求自己的梦想。艾达是一个先驱者，她的贡献促使人们意识到计算机不仅是数学工具，还有更广泛的应用。她的故事证明了无论性别，只要有才华、热情和坚定的信念，每个人都能在科学和技术领域取得突破性的成就。

后来为了纪念艾达的杰出贡献，在 1980 年 12 月 10 日，美国国防部将一种新型的高级计算机编程语言命名为 Ada，以纪念艾达·洛夫莱斯。

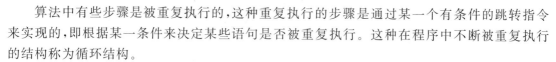

第4章 循环结构

算法中有些步骤是被重复执行的,这种重复执行的步骤是通过某一个有条件的跳转指令来实现的,即根据某一条件来决定某些语句是否被重复执行。这种在程序中不断被重复执行的结构称为循环结构。

本章主要介绍循环结构,包括 while、do-while、for 三种循环及它们的应用。学习时要关注以下问题:

(1) 三种循环结构的语法和用法,包括编写循环的条件表达式,在循环体中实现所需的功能等;

(2) 如何使用循环控制语句(如 break 和 continue)来提前退出循环或跳过当前循环;

(3) 利用循环结构解决实际问题。

4.1 while 循环

视频讲解

while 循环是"当型"循环,它的一般格式如下:

```
while(表达式)
    循环体语句;
```

执行时先求解表达式的值,若为真,则执行循环体语句,执行完后,自动转到循环开始处再次求解表达式的值,为真开始下一次循环,否则结束循环,转到 while 循环后面的语句处执行。其流程图如图 4.1 所示。循环体中若有多条语句,则用大括号将其括起来使之成为一个复合语句。

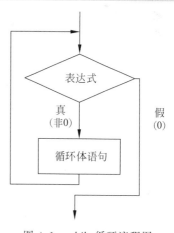

图 4.1 while 循环流程图

【例 4.1】 求和 sum=1+2+3+⋯+99+100。

【问题描述】 10 岁的小高斯上算数课,老师出了一道题"把 1~100 的整数写下来,然后把它们加起来!"这个题目当然难不倒学过算数级数的人,但这些孩子才刚开始学算数!老师心想他可以休息一下了。但他错了,因为还不到几秒,小高斯就计算出答案是 5050。请编写求和程序来帮助小高斯验证结果的正确性。

【问题分析】 把 1~100 的数不断加到变量 sum 中,这是个重复操作,因此需要借助循环结构来实现。具体步骤如下:

① 定义整型变量 i 和 sum,并初始化变量,让 i=1,sum=0;

② 判断表达式 i<=100,若为真,执行步骤③,否则执行步骤④;

③ 计算累加和 sum=sum+i,改变控制变量 i,使 i=i+1,计算结束后跳到步骤②;

④ 输出 sum 的值。

流程图如图 4.2 所示。

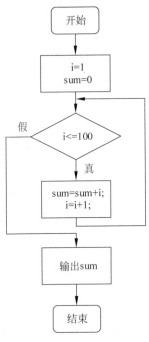

图 4.2 例 4.1 求和的流程图

【参考代码】

```
#include <stdio.h>
int main()
{
    int i = 1, sum = 0;
    while(i < = 100)
    {
      sum = sum + i;
      i = i + 1;
    }
    printf("1 + 2 + … + 99 + 100 = % d\n", sum);
    return 0;
}
```

【代码分析】   每次执行循环前需判断 while 循环括号内的表达式,若为真(非 0)则进入循环,否则结束循环。该表达式可以是永真表达式,如 while(1),则每次都会进入循环,执行循环体,这时在循环体内应该有结束循环的语句,下面程序段也可以求 1～100 的整数和。

```
int sum = 0, i = 1;
while(1)
{
  sum = sum + i;
  i++ ;
  if(i > 100)
      break;                        //break 语句是一种控制语句,此处的作用是退出循环
}
```

【拓展思考】   (1) 循环体内前两条语句顺序能够颠倒吗? 颠倒了有什么影响?

(2) 用 while 循环编程求 $1+3+5+\cdots+97+99$ 的值。

(3) 用 while 循环编程求 $1+\dfrac{1}{3}+\dfrac{1}{5}+\cdots+\dfrac{1}{97}+\dfrac{1}{99}$ 的值。

视频讲解

Tips

① while 循环先判断表达式的真假,再决定是否执行循环体语句。

② while 循环中若一开始表达式的值为假,则循环体一次都没有被执行就结束了循环。

③ while 循环中若循环条件为永真,则循环体内要有能够使得循环趋于结束的语句。

4.2　do-while 循环

do-while 循环是"直到型"循环,它的一般格式如下:

```
do
{
    循环体语句
}while(表达式);
```

首先执行循环体语句,然后再判断是否满足继续循环的条件,即计算表达式的值,如果其值为真,则继续执行循环体语句,如果其值为假,则执行 do-while 循环后面的语句。其流程图如图 4.3 所示。

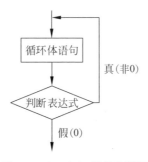

图 4.3　do-while 循环流程图

Tips

① do-while 循环先执行循环体语句一次,再判断表达式的真假决定是否继续下一次执行循环体语句。

② do-while 循环中的循环体语句至少被执行 1 次。

③ do-while 循环中,"while(表达式)"后面的分号不能省略。

④ 为了使 while 后面的表达式逐步趋向于循环结束,循环体内要有修改循环控制变量的语句。

【例 4.2】　求和 sum＝1＋2＋3＋…＋99＋100。

【问题描述】　采用 do-while 循环实现求和问题。

【参考代码】

```
# include < stdio. h>
int main()
{
    int i = 1, sum = 0;
    do
    {
```

```
      sum = sum + i;
      i = i + 1;
   } while(i <= 100);
   printf("1 + 2 + … + 99 + 100 = % d\n",sum);
   return 0;
}
```

Tips：while 与 do-while 的区别

① while 是先判断条件，再执行循环；do-while 是先执行循环再判断条件。

② 或者说，区别在于第一次循环执行时，while 是先判断条件是否成立，再确定是否执行循环体，do-while 是无条件地先执行一次循环体。

【例 4.3】 数据的反向输出。

【问题描述】 输入一个正整数，然后按反向将其输出。比如输入 12345，则输出为 54321。

【问题分析】 输入是一次把一个整数完整地输入，而输出则是一次一个数字的输出，并且要求先输出最低位，所以应该从个位到十位到百位……（由低位到高位）的依次把不同数位上的数字分离出来。最低位数字的分离方法是采用对 10 求模的方法，其他数位上数字的分离需要先对 10 求商求出除掉最低位后的数，然后再采用最低位数字的分离方法。数字分离并输出是对每位数字都要做的工作，所以采用循环来实现。

【参考代码】

```
# include < stdio. h >
int main()
{
   int number,digit;
   printf("Input an integer\n");
   scanf(" % d",&number);
   do
   {
      digit = number % 10;
      printf(" % d",digit);
      number/ = 10;
   } while(number);
   printf("\n");
   return 0;
}
```

【拓展思考】 用 while 循环实现数据的反向输出题目，并计算输入数据是几位数。

4.3 for 循环

视频讲解

for 循环是 C 语言提供的另外一种使用广泛的循环语句。当已知循环次数时，往往使用 for 循环，其一般格式如下：

```
for([表达式 1];[表达式 2];[表达式 3])
     循环体语句
```

执行时，首先对表达式 1 求值，然后判断表达式 2 是否为真，如为真就去执行循环体语句，接着对表达式 3 求值，再回去判断表达式 2，直到表达式 2 为假时退出 for 循环。其流程如图 4.4 所示。

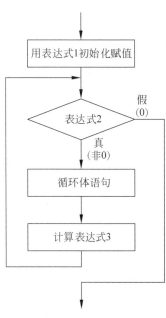

图 4.4　for 循环流程图

【素质拓展】　滴水穿石,积少成多

针对循环的重复思想,结合"棋盘放麦粒"的故事,让学生明白就算是积累少量的东西,也能成为巨大的数量。如同学生现在学习编程,虽然水平弱点,但是只要每天不断地努力,一步一个脚印,不断积累,终将越来越强大,离目标也会越来越近。

【例 4.4】　求和 $sum＝1＋2＋3＋…＋99＋100$。

【问题描述】　采用 for 循环实现求和问题。

【问题分析】　①定义整型累加和变量 sum,整型计数器变量 i,并分别进行初始化(用 for 行中的表达式 1 实现);②判断 i 是否不大于 100(用 for 行中的表达式 2 实现),若为真,顺序执行步骤③,否则跳到步骤④;③计算累加和,并使计数器变量 i 增加 1(用 for 行中的表达式 3 实现),然后跳到步骤②;④执行 for 循环结构后的语句,输出计算结果。

【参考代码】

```
# include < stdio.h >
int main()
{
  int i, sum;
  for(i = 1, sum = 0; i < = 100; i++ )
    sum = sum + i;
  printf("1 + 2 + … + 99 + 100 = % d", sum);
  return 0;
}
```

【代码分析】　该例中的 for 循环头组成部分如图 4.5 所示,可以看出循环能否被执行是由循环控制变量决定的。进入循环,首先对控制变量 i 赋初值;然后由表达式 2 的判断来决定是否要执行循环体,若一开始表达式 2 的值就为假,则循环体一次也不执行;每次循环之后,控制变量的值都要加以改变,使它的值向循环终值方向变化。

for 循环头的 3 个表达式可以缺省,但其中的两个分号不能缺,而且这 3 个表达式的功能也一定要在前或后的其他地方表现出来,比如该段程序可以有以下几种不同的表示方法。

(1)表达式 1 缺省。

图 4.5　例 4.4 中的 for 循环头

```
int i = 1, sum = 0;
for( ; i < = 100; i++ )
    sum = sum + i;
```

（2）表达式 2 缺省。

```
int i, sum;
for(i = 1, sum = 0; ; i++ ){
    sum = sum + i;
    if(i > 100) break;
}
```

（3）表达式 3 缺省。

```
int i, sum;
for(i = 1, sum = 0; i < = 100; ){
    sum = sum + i;
    i++ ;
}
```

（4）表达式 1、2、3 同时缺省。

```
int i = 1, sum = 0;
for( ; ; ){
    sum = sum + i;
    i++ ;
    if(i > 100) break;
}
```

【拓展思考】　用 for 循环编程求 1～100（含端点 1 和 100）中所有偶数的累加和。

Tips

① for 循环中，对循环控制变量要明确步长（即每次增加或减少的量），要使得循环控制变量逐渐趋向于循环结束，否则将得到错误的循环结构——死循环。

② for 循环头中 3 个表达式可以缺省，但其中的两个分号不能缺。

③ 表达式 1 是 for 循环的初始化语句，只执行一次，可以是逗号表达式，缺省时在 for 循环前对循环控制变量赋初值。

④ 表达式 2 是判断表达式，根据判断结果决定是否继续执行循环体，缺省时在循环体内应该有一个判断是否退出循环的语句（用 break 语句退出循环）。

⑤ 表达式 3 在每执行一次循环体语句后执行，用以修改循环控制变量，缺省时可以将其放在循环体中，作为循环体的一部分。

4.4　循环控制与嵌套

视频讲解

　　C 语言的三种循环都是根据循环判断条件来决定是否进入下一次循环，都是在不满足循环条件时结束循环。4.3 节中 for 循环的退出使用了 C 语言提供的 break 语句，除此之外，还有 continue 语句可以控制循环的退出。

▶ 4.4.1　break 语句

break 语句作用是中止一段程序的执行,主要用在两个地方:①在循环体内,break 的作用是立即中止循环,通常与 if 搭配使用,以实现有条件地结束循环;②在 switch 语句中,使控制从 switch 中退出来。以 for 循环为例其一般形式如下:

```
for(表达式1;表达式2;表达式3)
    if(条件表达式)
        break;
```

当条件表达式为真时,结束 for 循环,直接执行 for 循环后面的语句。

【例 4.5】　break 的使用。

【问题描述】　输入一个正整数 n,输出紧随 n 后面能够被 3 整除的一个数。

【问题分析】　从 n+1 开始循环,找到第一个能够整除 3 的整数后,退出程序。

【参考代码】

```
#include<stdio.h>
int main()
{
    int n;
    printf("请输入一个正整数:");
    scanf("%d",&n);
    for(n=n+1; ;n++)
        if(n%3==0)
        {
            printf("%d能够被3整除。\n",n);
            break;
        }
    return 0;
}
```

【拓展思考】　输入一个正整数 n,输出在 n 的前面最靠近 n 的能被 3 和 5 整除的整数。

【例 4.6】　素数判断。

【问题描述】　小学老师让学生们进行一个游戏,游戏规则如下:每个学生选择一个数字,并将其写在一张卡片上,学生们轮流展示自己的数字,如果该数字是素数,则继续进行下一个学生的展示,否则,该学生需回答一个老师提问的问题,当所有学生的卡片都被展示完毕后,游戏结束。请编写一个程序帮助老师能够快速判定学生展示的正整数 n 是否为素数。

【问题分析】　素数是只能被 1 和它本身整除的大于 1 的整数。根据素数定义,如果 n 被 $2\sim n-1$ 的所有整数都除不尽,则 n 为素数,否则 n 不是素数。这就需要采用循环的方法让 i 从 2 变化到 n-1,用 i 去除 n,若有一个 i 能够整除 n,则可断定 n 不是素数,就没有继续试探的意义了(采用 break 语句中止循环)。因此判断 n 是否为素数,关键看退出循环后,i 是否等于 n,若 i 等于 n,则 n 是素数,否则 n 不是素数。

【参考代码】

```
#include<stdio.h>
int main()
{
    int n, i;
    printf("Input an integer:\n");
    scanf("%d",&n);
```

```
    for(i = 2;i < = n - 1;i++ )
        if(n % i = = 0)break;
    if(i < = n - 1)
        printf(" % d is not a prime. \n",n);
    else
        printf(" % d is a prime. \n",n);
    return 0;
}
```

【代码分析】 n 对 2～n-1 的所有整数进行整除,若余数为 0,说明能够除尽,n 必定不是素数。为了缩短时间,不必除到 n-1,只需除到 n/2,甚至除到 $\sqrt{n}$,若除不尽就可判定 n 是素数了。以除到 $\sqrt{n}$ 为例,for 头代码可写为 for(i=2;i<sqrt(n);i++),这里使用了求平方根的数学函数 sqrt(),因此需要加上相应的头文件,即♯include < math.h >。

【拓展思考】 (1) 正常退出 for 循环和通过 break 语句退出 for 循环,循环控制变量的值有什么不同?

(2) 为了提高程序运行效率,应尽量减少循环体执行次数,根据代码分析部分请考虑怎样修改 for 循环后面的表达式 2,以减少循环体语句的执行次数。

(3) 尝试用 while 循环或 do-while 循环编制素数判断题目的程序。

(4) 判断 101～200 有多少个素数,并输出所有素数。

▶ 4.4.2 continue 语句

与 break 语句不同,continue 语句在循环体中的作用不是跳出循环体,而是结合分支结构跳过本次循环,即不执行本次循环中其后的语句而直接进入下一次循环。以 for 循环为例其一般形式如下:

```
for(表达式 1;表达式 2;表达式 3)
    if(条件表达式)
        continue;
    else
        … ;
```

当条件表达式为真时,执行 continue 语句,跳过之后的循环体语句,直接执行表达式 3,然后执行表达式 2。

【素质拓展】 知足常乐

针对 break 和 continue 语句的使用(有条件的跳转),结合"渔夫和金鱼"的故事,让学生明白过度贪婪的结果必定是一无所有。鼓励学生要凭自己的双手实实在在地创造出社会价值来获取自己的物质生活、实现理想,切忌心存侥幸、一步登天。

【例 4.7】 continue 语句的使用。

【问题描述】 计算 1 到 100 之间不能被 5 整除的整数和。

【问题分析】 i 从 1 到 100 进行循环,若 i 能被 5 整除,跳过本次循环,进入下一次循环,否则 i 不能被 5 整除,就进行求和运算。流程图如图 4.6 所示。

【参考代码】

```
♯ include < stdio. h >
int main()
{
    int i,sum = 0;
    for(i = 1;i < = 100;i++ )
```

```
    {
       if(i%5 = = 0)
              continue;
       sum = sum + i;
    }
    printf("1 到 100 之间不能被 5 整除的整数和为 % d。\n", sum);
    return 0;
}
```

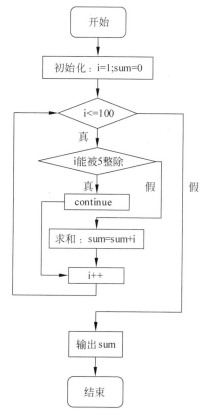

图 4.6 例 4.7 程序流程图

【代码分析】 例 4.7 中 continue 语句与 if 语句结合判断保证了对不能被 5 整除的数求和,该循环体部分与下列语句等价。

```
{    if(i%5 = = 0)
       ;
     else
       sum = sum + i;
}
```

【拓展思考】 输出 100 以内 3 的倍数。

▶ 4.4.3 循环的嵌套

循环嵌套可以构成多重循环,也就是循环体既可以是一条语句,也可以是多条语句,还可以是一个循环结构。C 语言中三种循环结构可以互相组合使用,如 for 循环可以再嵌套 for 循环:

```
for(表达式 1;表达式 2;表达式 3)
{
  ...
  for(表达式 4;表达式 5;表达式 6)
  {
    内循环体
  }
  ...
}
```

这是二重循环形式，其执行过程是外层循环执行一次，内层循环执行一遍，通过例 4.8 可以看到循环嵌套执行的过程。C 语言中还可以有三重、四重甚至更多重循环。循环嵌套在解决很多实际问题中经常遇到。

【例 4.8】 九九乘法口诀表。

【问题描述】 编程实现九九乘法口诀表的输出，运行结果如图 4.7 所示。

【问题分析】 让变量 i 从 1 变到 9，作为九九乘法口诀表每一行的第一个乘数，构成外循环，让变量 j 从 1 变到 9，构成内循环。让每个 i 的值分别与 j 相乘，并显示乘积。

【参考代码】

```
#include<stdio.h>
int main()
{
  int i,j;
  for(i=1;i<=9;i++)                          //i 为外循环控制变量
  {                                          //外循环体开始
    for(j=1;j<=9;j++)                        //j 为内循环控制变量
      printf("%d*%d=%-4d",i,j, i*j);         //共执行 81 次
    printf("\n");                            //共 9 次换行
  }                                          //外循环体结束
  return 0;
}
```

```
1*1=1   1*2=2   1*3=3   1*4=4   1*5=5   1*6=6   1*7=7   1*8=8   1*9=9
2*1=2   2*2=4   2*3=6   2*4=8   2*5=10  2*6=12  2*7=14  2*8=16  2*9=18
3*1=3   3*2=6   3*3=9   3*4=12  3*5=15  3*6=18  3*7=21  3*8=24  3*9=27
4*1=4   4*2=8   4*3=12  4*4=16  4*5=20  4*6=24  4*7=28  4*8=32  4*9=36
5*1=5   5*2=10  5*3=15  5*4=20  5*5=25  5*6=30  5*7=35  5*8=40  5*9=45
6*1=6   6*2=12  6*3=18  6*4=24  6*5=30  6*6=36  6*7=42  6*8=48  6*9=54
7*1=7   7*2=14  7*3=21  7*4=28  7*5=35  7*6=42  7*7=49  7*8=56  7*9=63
8*1=8   8*2=16  8*3=24  8*4=32  8*5=40  8*6=48  8*7=56  8*8=64  8*9=72
9*1=9   9*2=18  9*3=27  9*4=36  9*5=45  9*6=54  9*7=63  9*8=72  9*9=81
```

图 4.7 例 4.8 运行结果

【拓展思考】 如何修改上述程序，得到如图 4.8 所示的显示结果？

```
1*1=1
1*2=2  2*2=4
1*3=3  2*3=6  3*3=9
1*4=4  2*4=8  3*4=12  4*4=16
1*5=5  2*5=10  3*5=15  4*5=20  5*5=25
1*6=6  2*6=12  3*6=18  4*6=24  5*6=30  6*6=36
1*7=7  2*7=14  3*7=21  4*7=28  5*7=35  6*7=42  7*7=49
1*8=8  2*8=16  3*8=24  4*8=32  5*8=40  6*8=48  7*8=56  8*8=64
1*9=9  2*9=18  3*9=27  4*9=36  5*9=45  6*9=54  7*9=63  8*9=72  9*9=81
Press any key to continue
```

图 4.8 九九乘法表

Tips

① break 语句,中止所属循环结构的执行,转到循环后面的语句。

② continue 语句,结束所属循环的当次执行,若是 while 或 do-while 结构就转到循环条件处继续判断,若是 for 循环就转到表达式 3 处执行。

③ 三种循环结构的每一种都可以被另一种循环结构嵌套。

4.5 循环应用

视频讲解

【例 4.9】 最大公约数。

【问题描述】 假如得到了一份神秘的藏宝图,上面印着两个数字。这些数字据说代表了藏宝地点的特殊密码。但是,为了解锁宝藏,需要找到这两个数字的最大公约数,这个"特征"可以帮助破解密码。请编程实现求两个数字的最大公约数。

【问题分析】 采用辗转相除法求两个数 m 和 n 的最大公约数。①比较 m 和 n,较大的放在 m 中,m 作相除时的分子;②求 m 除以 n 的余数 r;③若余数 r 为 0,则此时的 n 值是它们的最大公约数;④若余数 r 不为 0,则将除数 n 作为新的分子 m,余数 r 作为新的分母 n,然后转②。该过程流程图如图 4.9 所示。

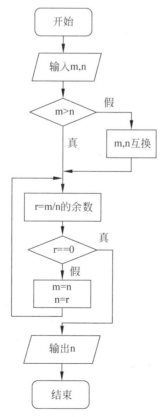

图 4.9 求最大公约数的流程图

【参考代码】

```
# include < stdio.h >
int main()
{
    int m,n,r,t;
    printf("Input two integers:\n");
    scanf("% d,% d",&m,&n);
    if(m < n){
        t = m;m = n;n = t;
    }
    r = m % n;
    while(r)
    {
        m = n;
        n = r;
        r = m % n;
    }
    printf("Their gcd is % d.\n",n);
    return 0;
}
```

【代码分析】 程序中 while(r)等价于 while(r!=0)。

【拓展思考】 设有 while(!e),其中条件!e 和下列哪个表达式等价？

e!=0   e==0   e!=1   ~e(~是求反运算符)

【例 4.10】 统计问题。

【问题描述】 从键盘输入一串字符(直到按下回车键为止),统计其中数字字符的个数。

【问题分析】 统计个数的问题需要设置一个变量作为计数器,初始值为 0,在符合条件的情况下,计数器进行自增运算,直到不满足条件为止。本题的条件是若输入为数字,则计数器 s 进行自增运算。

【参考代码】

```
# include < stdio.h >
int main()
{
    char c; int s = 0;
    c = getchar();
    while(c!= '\n'){
        if(c > = '0'&&c < = '9')s++ ;
        c = getchar();
    }
    printf("\n% d",s);
    return 0;
}
```

【代码分析】 输入的结束标记是按下回车键,然后统计输入字符中数字的个数,具体代码如下。

```
c = getchar();
while(c!= '\n'){
   if(c > = '0'&&c < = '9')s++ ;
   c = getchar();
}
```

习惯上这段代码经常被写为

```
while((c = getchar())!= '\n');
if(c > = '0'&&c < = '9')s++ ;
```

这样使程序代码更简洁、易读易懂,应用这些技巧,对于将来设计大型程序是非常有帮助的。

【拓展思考】　(1) 从键盘输入一串字符(直到按下回车键为止),统计其中字母的个数。

(2) 从键盘输入一串字符(直到按下回车键为止),统计其中字母(大、小写)、数字(0,1,…,9)和空格的个数。

【例 4.11】　百钱百鸡问题。

【问题描述】　中国古代数学家张丘建在他的《算经》中提出了著名的"百钱百鸡问题":鸡翁一,值钱五;鸡母一,值钱三;鸡雏三,值钱一;百钱买百鸡,翁、母、雏各几何?

【问题分析】　设要买 x 只公鸡,y 只母鸡,z 只小鸡,可得到如下方程:

$$\begin{cases} 5x + 3y + \dfrac{z}{3} = 100 \\ x + y + z = 100 \end{cases}$$

这个方程组包含 3 个未知数 2 个方程,解有多组。可以采用穷举算法对这类问题编程,就是列举出所有可能的情况,并进行检验,从中找出满足条件的解。x 的取值范围是 0~20,y 的取值范围是 0~33,z = 100 - x - y。当 x、y、z 各取一值后,验证是否符合总钱数的限制条件:100 = 5x + 3y + (100 - x - y)/3。

【参考代码】

```c
#include < stdio.h >
int main()
{
    int cock, hen, chick;
    for(cock = 0; cock <= 20; cock++ )
    for(hen = 0; hen <= 33; hen++ )
        {
        chick = 100 - cock - hen;
        if(cock * 15 + hen * 9 + chick == 300)
        printf("cock =% d, hen =% d, chick =% d\n", cock, hen, chick);
        }
        return 0;
}
```

【代码分析】　代码中使用了循环嵌套,循环次数是根据题目条件确定出的取值范围来定义的,不是从 0 变化到 100,这样大大提高了算法执行效率。还有,使用 cock * 15＋hen * 9＋chick＝＝300,而不使用 cock * 5＋hen * 3＋chick/3＝＝100 作为判断表达式的组成成分,是为了避免进行整除运算时出现误差。另外,该题使用穷举法解题,使用穷举法关键有以下两点。

(1) 数学模型:应选择适宜进行穷举的数学模型,其决定了程序是否正确。

(2) 穷举的范围:应有明确的穷举终止条件;关注穷举的范围,若穷举范围过大,则效率太低。

【素质拓展】　科技的力量

经典算术问题"百钱买百鸡",若手工用穷举法计算无异于愚公移山,但是通过多重循环结构编写程序代码,计算机成功执行并立即得到结果。学会使用循环结构解决穷举问题,让学生体会到程序设计的惊人力量,感受到关注科技发展的必要性,并学会利用先进的手段解决问题,提高创新能力。

【例 4.12】　Fibonacci 数列。

【问题描述】　求 Fibonacci 数列的前 40 个数。

【问题分析】　Fibonacci 数列的递推通项公式如下。

$$\begin{cases} F_1 = F_2 = 1 \\ F_n = F_{n-1} + F_{n-2} \, (n \geqslant 3) \end{cases}$$

根据递推通项公式，依次将前两项代入即可得到 Fibonacci 数列。

【参考代码】

```
# include < stdio. h>
int main()
{
    int fib1 = 1, fib2 = 1, fib, i = 1;
    while(i < = 20)
    {
        printf(" % 10d % 10d", fib1, fib2);
        fib1 = fib1 + fib2;
        fib2 = fib2 + fib1;
        i++ ;
        if(i % 2!= 0)printf("\n");
    }
    return 0;
}
```

【代码分析】 求 Fibonacci 的前 40 个数，每次循环中利用递推通项公式可以求得两个数，因此循环次数为 20 次。另外，本题利用递推法，根据通项公式依次求得各项。递推法也是 C 语言中常用的方法之一。递推法由初始的已知条件开始，先计算出第 n−1 步的结果，再利用前面已知的 n−1 项结果，按照递推公式（或遵照递推规则）推出第 n 项的结果。使用递推法必须有明确的递推初始值和递推规则。

【例 4.13】 **6174 黑洞。**

【问题描述】 6174 是个著名的常数，由印度数学家卡布列克提出。因为卡布列克发现：任何非 4 位相同的 4 位正整数，只要将数字重新排列，组合成最大的数和最小的数再相减，重复以上步骤，7 次以内就会出现 6174。

如 8045，8540−0458＝8082，8820−0288＝8532，8532−2358＝6174。

【问题分析】 6174 黑洞问题是对一个整数不断地做同一个变换，直到等于 6174 为止。这个变换就是首先得到 4 位正整数的每一个数位上的数字，并把他们按由大到小进行排列，然后得到由这 4 个数字组成的最大的数和最小的数，将其求差。

【参考代码】

```
# include < stdio. h>
int main()
{
  int n, a, b, c, d, p, q, t;
  scanf(" % d", &n);
  while(n!= 6174)
  {
    a = n/1000;
    b = n % 1000/100;
    c = n % 100/10;
    d = n % 10;
    if(a < b){t = a; a = b; b = t;}
    if(a < c){t = a; a = c; c = t;}
    if(a < d){t = a; a = d; d = t;}
    if(b < c){t = b; b = c; c = t;}
    if(b < d){t = b; b = d; d = t;}
    if(c < d){t = c; c = d; d = t;}
```

```
        p = 1000 * a + b * 100 + c * 10 + d;
        q = 1000 * d + c * 100 + b * 10 + a;
        n = p - q;
        printf("%d - %d = %d\n",p,q,n);
    }
    return 0;
}
```

【代码分析】　6174 黑洞问题是个迭代问题。迭代法也是 C 语言中常用的方法之一。常用于解决方程求根、优化问题等数值计算领域,例如,使用牛顿迭代法、二分法等方法求解函数的零点,或者使用梯度下降法进行优化等。在使用迭代法时,需要注意以下条件,确保迭代过程能够有效地求解问题并得到准确的结果。

(1) 收敛性:迭代法只有在所求解的问题具有收敛性时才能使用。也就是说,迭代过程中的数值序列必须收敛到所要求的解。

(2) 初值选择:迭代法需要给定一个初始值,通常情况下这个初始值需要足够接近最终的解,否则可能导致迭代过程无法收敛。

(3) 收敛速度:迭代法的收敛速度对于实际问题的求解效率至关重要,因此在实际应用中需要对收敛速度进行评估和分析,选择合适的迭代方法。

> Tips:C 语言中常用的采用循环结构解决问题的方法。
> ① 穷举法,选择适宜的数学模型,在取值范围内依次尝试所有可能的取值。
> ② 递推法,由前面的 n−1 项根据递推公式求出第 n 项。
> ③ 迭代法,选定初始值后根据某种数学模型迭代计算,逼近最终的解。

4.6　本章小结

本章所涉知识思维导图如图 4.10 所示。首先介绍了三种循环结构:while、do-while 和 for 循环。当循环次数确定时,用 for 循环比较方便;while 循环和 for 循环都要先判断条件再执行循环体,故有可能一次也不执行循环体;do-while 循环开始时不需要判断循环条件是否成立,故至少执行一次循环体。还介绍了 break、continue 控制语句在相应控制结构中的含义及用法。最后,给出三种控制结构的综合应用,这也是学习本章的目标。

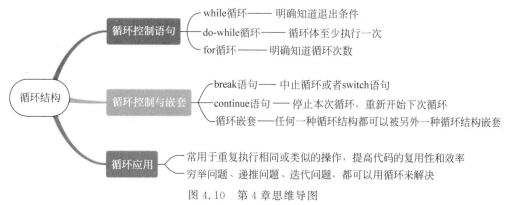

图 4.10　第 4 章思维导图

4.7 拓展习题

1．基础部分

（1）编程求两个数的最小公倍数。

（2）用循环结构，计算表达式 $1+3+5+7+9+\cdots+97+99$ 的值。

（3）根据公式 $\dfrac{\pi}{4}=1-\dfrac{1}{3}+\dfrac{1}{5}-\dfrac{1}{7}+\dfrac{1}{9}-\dfrac{1}{11}+\cdots$，求 π 的近似值，要求直到最后一项的绝对值不小于 $1e-7$。

（4）从键盘输入正整数 n，编程计算并输出 $1\sim n$ 的和。

（5）有 1、2、3、4 这 4 个数字，能组成多少个互不相同且无重复数字的 3 位数？都是多少？请编程实现。

（6）下面程序执行后，i 的值是（　　　）。

```c
# include < stdio. h>
int main()
{
  int i;
  for(i = 0;i < 10;i++ )
    if( i % 3!= 0)
        printf(" % d",i);
    else
        break;
  printf("\ni = % d\n",i);
  return 0;
}
```

（7）执行下列程序后 i 的值为（　　　）。

```c
# include < stdio. h>
int main ()
{  int i;
   for(i = 0;i < 10;i++ )
   {  if( i % 3 = = 0)
        continue;
      i = i+ 3;
   }
   printf(" % d\n",i);
   return 0;
}
```

（8）执行下列程序后得到的情况是（　　　）。

```c
# include < stdio. h>
int main ()
{
   int i = 0;
   while( i < 10)
   {
     if( i % 3 = = 0)
       continue;
     i + = 3;
   }
   printf(" % d\n",i);
   return 0;
}
```

（9）输入整数 n，输出 n 行星号，第 1 行 1 个，第 2 行 3 个，第 3 行 5 个……例如，输入正整数 3，输出以下图形：

```
  *
 ***
*****
```

（10）编制程序，求 1！＋2！＋3！＋…＋n！的值，n 为键盘输入的正整数。

（11）把输入字符串中除小写元音字母以外的字符打印出来。要求使用 continue 语句解决。

（12）搬砖问题。有 36 块砖，由成年男、女和小孩共 36 人来搬，男人每人搬 4 块，女人每人搬 3 块，两个小孩抬一块，要求一次全搬完，问需要男、女、小孩各几人？

（13）爱因斯坦阶梯问题。设有阶梯，不知其阶数，但知：每步跨两阶最后剩 1 阶；每步跨 3 阶最后剩 2 阶，每步跨 5 阶最后剩 4 阶，每步跨 6 阶最后剩 5 阶，每步跨 7 阶正好到楼顶，求阶梯共有多少阶。

（14）从键盘输入一行字符，分别统计出其中英文字母、空格、数字和其他字符的个数。

2. 提高部分

（1）迭代法求根。实现用二分法求方程 $2x^3 - 4x^2 + 3x - 6 = 0$ 在区间 [m，n] 上的根，误差应小于 0.001。例如，若区间为 [－100，90]，则方程的一个根为 2.000。

（2）从键盘输入多名学生成绩，直到输入的成绩为负数结束。统计总人数、所有成绩的平均分和及格人数。

（3）水仙花数。编辑程序，显示 10 000 以内的水仙花数，所谓水仙花数是指其各位数字的立方和等于该数本身。如 $153 = 1^3 + 5^3 + 3^3$。

（4）已知 $s = 1 + 2 + 4 + 7 + 11 + \cdots + x (x < 100)$，计算 s 的值。

【提示】　从 1 开始做累加，累加对象 i 与前一项的差值为 1，2，3，…越来越大。

（5）鸡兔同笼。一个笼子里面关了鸡和兔子（鸡有两只脚，兔子有四只脚，没有例外）。已经知道了笼子里面脚的总数 a，问笼子里面最少有多少只动物，最多有多少只动物。

（6）用公式 $e = 1 + \dfrac{1}{1!} + \dfrac{1}{2!} + \cdots + \dfrac{1}{n!}$，可以求 e 的近似值，请计算一下。

（7）有公式 Sn＝a＋aa＋aaa＋aaaa＋…，其中 a 是一个数字。例如，a 为 3，则当 n 为 4 的值为 3＋33＋333＋3333，现从键盘输入 a，n，试求 Sn 的值。

（8）CFun 动物饲养中心用 X 元专款购买小狗和小猫两种小动物，其中小狗每只 A 元，小猫每只 B 元。要求专款专用，至少猫狗各一，正好用完。请求出可以购买的方案总数。如没有符合要求的方案，输出 0。

（9）输入一个正整数 N，求出 N^3 的各位数字的立方和。

（10）输入整数 n，输出 2n－1 行星号构成的菱形图案，例如，输入正整数 3，输出以下菱形图形：

```
  *
 ***
*****
 ***
  *
```

4.8　拓展阅读

算法分析之父——高德纳（Donald E. Knuth）

　　高德纳（见图 4.11）出生于 1938 年 1 月 10 日，他是现代计算机科学先驱，算法大师，1974 年图灵奖得主。"高德纳"这个中文名字是 1977 年他访问中国之前所取的，命名者是储枫（姚期智的夫人），也是一位计算机科学家。高德纳开拓了算法分析领域，为数个理论计算机科学的分支做出了基石性贡献。高德纳属于全才科学家，在多个领域均有卓越贡献，高德纳所写的《计算机程序设计艺术》（*The Art of Computer Programming*，通常被称为 TAOCP 系列）是计算机科学界最受高度重视的参考书籍之一。TAOCP 系列是对经典计算机科学的权威论述，是科学史上最重要的著作之一，与相对论、博弈论、量子力学等比肩。高德纳也是排版软件 TEX 和字体设计系统 Metafont 的发明人。此外，他还曾提出文学编程的概念，并创造了 WEB 与 CWEB 软件，作为文学编程开发工具。高德纳还是个音乐大师，不光自己编曲、设计乐器，还用信息论分析音乐的复杂度。

图 4.11　高德纳

　　1938 年 1 月 10 日，高德纳出生于美国密尔沃基。他的超凡智力在 8 岁时就显示出来了。当时，一家糖果商举办了一项有趣的比赛，要求孩子们用 Ziegler's GiantBar 里面的字母，写出尽可能多的单词。裁判事先准备了一份 2500 个单词的列表，可小高德纳令人惊讶地写出了 4500 多个单词。他为学校赢得一台电视机，还为每个同学赢得一根棒棒糖。他的赛后感言是，"我还能写出更多。"

　　高德纳的高中就读于他父亲所在的路德教会高中，在这期间，他发表了此生第一篇学术文章。有句话说，真正的天才是 1% 的灵感加上 99% 的汗水，这话用在高德纳身上毫不夸张。高德纳的主业是音乐和作曲，18 岁的他，在进入大学之后，丝毫没有向数学屈服，而是花费无数的课余时间，大量练习数学难题，这种努力的劲头再加上他的天分，使他很快就在数学方面超过了其他同学。其实与其关注一些科学家们不可模仿的机会和天赋，不如更关注他们如何面对困难和挫折。高德纳告诉我们，没有什么过不去的坎儿，方法就是抓紧时间干活。

　　高德纳就读的大学是凯斯理工学院，在这里他接触了 IBM650 计算机，这使得高德纳的音乐家梦想一去不复返。1956 年，高德纳开始学习编程。当时高德纳还兼职管理学校的篮球队，于是他编写了一个程序，这个程序能够自动评估每名球员的价值，球队的教练非常欣赏他。这件事还吸引了 CBS 电视台的报道，后来高德纳、球队教练和 IBM650 的一张合影，还被印到了

IBM650 的宣传册上。1960 年,高德纳以公认的出色的成就,打破学校的惯例,同时获得了学士和硕士两个学位,大家来做个减法吧,算算高德纳此时几岁。

随后,高德纳从五大湖区,来到了美国西南岸,进入伯克利攻读数学博士学位。从此,他的编程生涯也正式开始了。最值得一提的,就是他对 ALGOL60 编译器提出的测试方法。高德纳编写了一段非常简单的测试程序,江湖人称 Man or boy test,俗名"是男人就得−67"。高德纳说,"只要用 ALGOL60 编译器来编译我的这段程序,如果运行结果等于−67,就说明这个编译器是纯爷们儿,否则就只能算小男孩。"

1963 年,25 岁的高德纳顺利拿到了博士学位,并留在伯克利任教。在毕业前一年,虽然还是研究生,但高德纳已经因为设计编译器而享誉计算机行业。于是著名的 Addison-Wesley 出版社与他约稿,请他写一本关于编译器和程序设计方面的书。1962 年约稿,高德纳一直写到1966 年还没交,在此期间他又是毕业,又是教书,终于出版社急了。编辑找到高德纳,说这都四年了你写了多少啊,高德纳说,才写 3000 页手稿。编辑疑惑,忙问都 3000 页了你怎么还不交,高德纳回答,"急啥,我还没写到正题。"编辑彻底无语,说那你出个多卷本吧……

《计算机程序设计艺术》(见图 4.12),就这么诞生了。

图 4.12　计算机程序设计艺术

1968 年,《计算机程序设计艺术》(*The Art Of Computer Programming*,又称 TAOCP)的第一卷正式出版了。这一卷的标题叫《基本算法》,但难度却并不低。比尔·盖茨曾经花了几个月的时间读完这一卷,并且做了大量的练习,然后他说,如果想成为一个优秀的程序员,那就去读这个《基本算法》吧,确保自己能够解决里面的每一个问题。然而,高德纳本人的说法却比盖茨犀利多了:要是看不懂,就别当程序员。

TAOCP 至今仍然是编程书籍中的最高经典。有一些巧妙得不能再巧妙的算法,在这三卷书中顺手拈来,比比皆是。按照高德纳的计划,这套书一共是七卷,但是现在刚刚写完三卷,就已是震古烁今。ACM 当时决定立即为其颁发图灵奖:

授予高德纳图灵奖,以表彰其在算法分析、程序设计语言的设计和程序设计领域的杰出贡献,特别是其著名的 *The Art of Computer Programming* 系列丛书。

这是 1974 年的 ACM 图灵奖颁奖词,高德纳捧走了历史上第 9 个图灵碗。这对高德纳来说,无疑是个殊荣,因为这一年他只有 36 岁,直到现在,他仍然保持着年龄最小获奖者的纪录。

对于算法的研究,可以分成三层境界。第一层是分析算法的复杂度,这是计算机专业的大学生普遍掌握的技能,达到这个境界,可以说是入了算法的门;第二层境界是改进算法的复杂度,在分析之后继续思考,想办法去降低它,这就可以算是懂算法了;第三层境界,就是寻找算法的最优复杂度,不但要改进它,而且要改到什么程度?就是要证明出来,我改完的算法就是最优的，你无论如何都不可能再改进了，再改进就违反宇宙规律。高德纳，就是典型的第三层境界的人。诸位不妨看看，TAOCP里面给出了多少最优算法。

随后十年高德纳歇笔却创造了三个响亮的成果，其中影响最大的，就是排版系统TEX。TEX是一场出版界的革命，直到现在仍是全球学术排版的唯一规范，它所排出的文字之美，特别是数学式子的美，让人们由衷感叹：啊，一毫米都不能再挪动了。除了功能上的美之外，TEX作为一个软件产品，也令人叹为观止。TEX的版本号不是自然数列，也不是年份，而是从3开始，不断地逼近圆周率（3.14,3.141⋯目前最新版本是3.1415926）。高德纳再一次用行动表明，TEX不可能再有什么大的改进了，最多只能小修小补，使其趋近完美。高德纳还专门设立了奖金：发现TEX的第一个错误的人，就奖励2.56美元，发现第二个错误奖励5.12美元，第三个10.24美元⋯⋯以此类推。我们都知道，传说某个国王就因为这种指数游戏失去了江山，高德纳作为算法大师，更清楚指数增长的可怕性。然而他却敢立此重赏，结果直到今天，他也没有为此付出多少钱，可见TEX经过了怎样的千锤百炼。

第二个成果，就是METAFONT，这是一套用来设计字体的系统。对于它的价值，一句话就能概括：计算机界最懂字体的两个人，一个是苹果的乔布斯，另一个就是高德纳。

第三个成果，就是文学化编程（Literate Programming），它把程序设计的艺术性展示得淋漓尽致。高德纳说，一段好的程序，不仅仅是要清晰易读，而且要能够读出美感，读出意境。他在C语言的基础上，开发了一套CWEB系统，除了用它写出了TEX程序之外，还用它写了一本书 Stanford Graphbase。高德纳微微一笑，"我都能用编程语言写书，何况有意境的程序了，我的口号是：程序员也能得普利策奖（这是全球新闻写作领域的最高奖项）。"

歇笔十年的高德纳，手捧这三项成果重出江湖。在写第四卷的过程中，为了帮助读者打好数学基础，面对TAOCP中的数学高峰，他又专门撰写了一本 Concrete Mathematics。这本书有中文版，翻译为《具体数学》。Concrete到底是什么意思，高德纳说，"意思就是我不教那些软绵绵的数学，我要教的是扔到地上能砸个响儿的数学。"据说，他在课堂上说完这番话，有好几个同学扭头走出了教室——他们是土木工程系的学生，还以为高德纳是讲混凝土的（Concrete在土木领域意为"混凝土"）。说到高德纳的教学，还有个趣闻，他批改作业的时候只抽查第314页，就能判断出这份作业的质量。

1992年，高德纳为了专心写作，提前退休，并停用电子邮箱。高德纳一共带了28位博士生，他觉得28这个数字很好，于是便宣布不再收学生了。尽管如此，高德纳仍然为想要师从于他的博士生留下了一个盼头，他开了一门Computer Musing公开课，每次会在公开课上提出一个问题，如果谁能快速解出来，高德纳就会为他的博士论文签名。

2008年，TAOCP的前三卷出版30年之后，第四卷终于面市，而高德纳，却已是白发苍苍的古稀老人了。一句话，一辈子，一生情，一杯酒，高德纳对计算机科学的热爱，使他为TAOCP这套丛书耗费了一生的心血。

解决现实世界中的复杂问题时往往要编写包含多种功能的程序,而开发和维护大型程序的最好办法就是把大的程序分割成更容易管理的小模块,这些小模块一般被称为"子程序",在 C 语言中被称为函数。函数是 C 语言程序的基本组成单位,是进行结构化程序设计必须掌握的知识。之前编写的每一个程序都用到了函数,如:main()函数以及标准输入输出函数 scanf()和 printf()等。本章主要讲述 C 语言中函数的定义、调用、参数传递等概念。学习时要关注以下问题:

(1) 函数的定义、声明和调用;

(2) 如何定义函数参数,传递参数的两种方式(按值传递和按址传递);

(3) 理解函数的嵌套调用,学会编写递归函数,了解其应用场景;

(4) 变量的作用域和生命周期。

5.1 概述

▶ 5.1.1 模块化程序设计

模块化程序设计是一种编程方法,它通过将大型程序分解为小的、相互独立的模块来简化程序的设计、编写和维护。每个模块都负责实现特定的功能,并且可以与其他模块协同工作来完成更复杂的任务。

模块化程序设计是一种重要的编程思想。在 C 语言中,模块的功能由函数实现。函数的使用可以降低编程难度,当程序规模很大时,可以通过定义函数来控制程序规模、控制变量的使用范围,从而使编制和修改程序比较容易。函数的使用也可以增强程序可读性,每个函数完成一项相对独立、规模较小的任务,主函数中依次调用要完成的任务,使主函数代码功能一目了然,从而增强程序的可读性。函数的使用也有利于进行多人分工协作开发程序,按照功能将程序划分为不同的模块,每个人分别完成相应的功能函数,通过编制相应的接口来调用相应的函数。另外,函数的使用也有利于提高程序代码的复用性,这样可以大大减少编写重复代码的工作量,提高编程的效率。

【素质拓展】 统筹规划,合作进步

通过"班级晚会活动策划"类比理解函数的模块化程序设计:班长相当于主函数,负责对整个晚会的统筹组织,班委成员相当于子函数,负责晚会中某一类工作,班级成员相当于子函数下的子函数,负责某一类工作中的具体一件事情。函数讲究的是合作,同伴之间互相帮助、各取所长,不仅增强了团结、合作意识,而且使办事效率更高、进步更快。

一个 C 程序可由一个 main()函数和若干个其他函数构成,main()函数是主函数,它可以调用其他函数,而不允许被其他函数调用。因此,C 程序的执行总是从 main()开始,完成对其他函数的调用后再返回到 main()函数,最后由 main()函数结束整个程序。一个 C 程序必须有一个且只能有一个 main()函数。

▶ 5.1.2 函数分类

根据实现方式的不同,函数可以分为库函数和自定义函数。

库函数是由 C 语言编译系统提供,无须用户定义,通常称为标准库函数,可以直接被程序调用。例如,C 语言中的数学函数库(math.h)提供了一系列数学函数,如 sin()、cos()、sqrt()等;字符串函数库(string.h)提供了一系列处理字符串的函数,如 strcmp、strcat、strlen 等。用户在使用时,只需要通过♯include <头文件名>将其包含到程序中即可。C 语言部分函数如表 5.1 所示。

表 5.1　C 语言部分函数

库文件名	主 要 函 数	
stdio.h	scanf()、printf()	格式化输入输出函数
	getchar()、putchar()	单个字符输入输出函数
	fgets()、puts()	字符串输入输出函数
stdlib.h	malloc()	动态内存分配函数
	free()	释放分配的内存空间
	rand()	生成一个伪随机数
	srand()	设置随机数种子
	atoi()	将字符串转换为整型数
	atof()	将字符串转换为浮点数
math.h	fabs()	计算浮点数的绝对值
	pow()	计算幂运算
	sqrt()	计算平方根
	sin()	计算正弦值
	round()	四舍五入
	exp()	计算指数函数
string.h	strcpy()	将一个字符串复制到另一个字符串
	strcat()	将一个字符串连接到另一个字符串的末尾
	strcmp()	比较两个字符串是否相等
	strlen()	计算字符串的长度(不包括终止符'\0')
time.h	time()	获取当前时间的秒数
	ctime()	将一个时间戳转换为字符串表示方式
	mktime()	将一个结构体表示的时间转换为时间戳
	difftime()	计算两个时间戳之间的时间差(单位为秒)

用户自定义函数是由程序员自己编写的函数,用于实现特定的功能,并将其声明在程序中,以便其他函数调用。程序员可以根据需要编写自定义函数,从而使程序更加灵活和具有可扩展性。本章主要针对自定义函数进行介绍。

在 C 语言中,所有的函数定义,包括主函数 main()在内,都是平行的。也就是说,在一个函数的函数体内,不能再定义另一个函数,即函数不能嵌套定义。但是函数之间允许相互调用,也允许嵌套调用。习惯上把调用者称为主调函数,被调用者称为被调函数。函数还可以自己调用自己,这种调用称为递归调用。

> Tips
>
> ① C 程序的 main() 函数可以调用其他函数,而不允许被其他函数调用。
>
> ② 一个 C 程序必须有一个且只能有一个 main() 函数。
>
> ③ C 程序的执行总是从 main() 函数开始,最后由 main() 函数结束整个程序。
>
> ④ 库函数由 C 语言编译系统提供,无须用户定义,可以直接被程序调用,使用时,只需要通过 ♯include <头文件名>将其包含到程序中即可。
>
> ⑤ 用户自定义函数是由程序员自己编写的函数,需将其声明在程序中,以便其他函数调用。

5.2　函数的定义与调用

视频讲解

▶ 5.2.1　函数的定义

函数由函数头和函数体两部分组成,其格式如下:

```
函数类型 函数名(形参表)              //函数头
{                                //函数体
    声明部分
    语句部分
}
```

(1) 函数头包括函数类型、函数名以及形参表三部分。

函数类型表示函数返回值的数据类型,可以是基本数据类型也可以是构造类型。如果省略函数类型,默认其为 int 类型。如果没有返回值,则函数类型写为 void。

函数名可以是任何合法的标识符,函数名最好能直观地反映出该函数所完成的任务,以增强程序的可读性。

形参表是用逗号分开的参数说明,出现在函数定义中的参数称为形式参数(简称形参),参数说明形式为"参数类型 参数名",对每个参数都必须做这样的说明,不能在一个类型名后跟多个参数名。在调用函数时,主调函数将为这些形参赋以实际的值。无参函数没有参数传递,但函数头中"()"号不能省略。

(2) 函数体由一对"{}"括起来,一般由两部分组成:声明部分和语句部分。

声明部分声明用于函数内部的临时变量,可以没有声明部分。

语句部分由实现函数功能的若干语句构成,可以在其中调用其他函数。若函数有返回值,则通过 return 语句返回,其格式如下。

```
return 表达式;
```

该语句用来计算表达式的值并返回主调函数。一个函数中可以有多条返回语句,但只能有一个返回语句被执行。

【例 5.1】 求 3 个数字中的最大者。

【问题描述】 编写函数用来求 3 个整数中的最大者。

【问题分析】 函数功能是找出 3 个数中的最大者,因此该函数需要有返回值,形参需要从中找出最大值的 3 个数,返回值类型和形参类型一致。

【参考代码】

```
int max(int x, int y, int z)              //函数头
{                                         //以下为函数体
    int temp;                             //声明部分
    temp = x > y?x:y;                     //以下为语句部分
    if(z > temp)
        temp = z;
    return temp;
}
```

【代码分析】　此函数名为max,简单易懂,反映出了函数的功能;函数有3个整型的形式参数,每个形参都有类型;函数有整型返回值;函数体中通过return语句来返回3个整数中较大的数。另外,程序中使用了C语言中唯一的三元运算符——条件运算符?:。语句temp=x>y?x:y;可写为以下程序段:

```
if(x > y)
    temp = x;
else
    temp = y;
```

【例5.2】　图形绘制。

【问题描述】　编写输出n行星号的函数。例如,n为4时的输出如下所示。

```
            *
        *   *
    *   *   *
*   *   *   *
```

【问题分析】　函数功能就是输出n行星号,不做任何运算,也没有任何运算结果,自然也不需要返回值,因此函数类型应为void类型。形参应为整型变量,用来决定输出星号的行数。观察图形,每行不仅有 * ,还有空格,因此编写函数时需要找出每行空格数和 * 数与行号之间的关系。

【参考代码】

```
void star(int n)
{
    int i, j;
    for(i = 1;i < = n;i++ )
    {
        for(j = 1;j < = n - i;j++ )
            printf(" ");
        for(j = 1;j < = i;j++ )
            printf(" * ");
        printf("\n");
    }
}
```

【拓展思考】　编写函数输出一个由 * 构成的平行四边形,要求每行有n个星号,高度为n。例如,当n=4时,输出图形如图5.1所示。

图5.1　输出图形

> Tips
> ① 函数由函数头和函数体两部分构成。
> ② 若函数有返回值,在函数体中通过 return 语句返回,有多条 return 语句的情况下,只有一条 return 语句会被执行。
> ③ 若函数没有返回值,函数类型为 void,函数体中无 return 语句,这样的函数的作用通常以屏幕输出等方式体现。

▶ 5.2.2　函数的调用与声明

1. 函数的调用

要在一个函数中调用另一个函数,则被调函数必须是已经定义的函数。程序中通过函数的调用来执行函数体相应的功能。调用函数的一般形式如下:

```
函数名(实参表);
```

调用函数时的参数称为实际参数(简称实参)。若调用无参函数,实参表可以为空,但括号不能省略。

若调用有参函数,将实参值传递给形参并执行函数体,实参表中的参数可以是常量、变量及表达式,若有多个实参,各实参之间用逗号分隔,实参的个数及类型要和形参的个数及类型一一对应。

函数在被调用时,首先给函数的形参分配内存空间,正因为这样,形参名可以和其他函数中的变量重名,其内存不是一个地址,系统不会出错;再将实参的值计算出来依次赋值给对应的形参,这一过程称为"参数的值传递"(参数的传递方式有两种:值传递和地址传递,地址传递方式在后面数组章中进行介绍),值传递完成后,实参和形参之间不存在任何关系,函数中形参值的改变不会影响实参值;然后进入函数体开始执行函数,直到函数结束,如果有返回值,将返回值带回到调用处,则此时形参所占用的内存单元也随着函数结束被自动释放。

【例 5.3】　调用例 5.1 中的 max() 函数的 main() 函数。

【参考代码】

```
int main()
{
    int x,y,z;
    scanf("%d,%d,%d",&x,&y,&z);
    printf("The max value is: %d\n", max(x,y,z));
    return 0;
}
```

【代码分析】　代码中 main() 函数定义了 3 个变量 x,y,z,作为实参传递给例 5.1 中 max() 函数,与函数 max 中的形参名完全一致,注意这不冲突,因为在 main() 函数中通过 printf() 函数去调用执行 max() 函数时才会给形参 x,y,z 分配内存,通过值传递的方式把 main() 函数中的 x,y,z 的值传递给 max 中的 x,y,z,进而去执行 max 函数。另外,此段代码中的函数调用方式是将 max 作为 printf() 函数的实参,这种调用方式要求被调用函数必须返回一个值。除此之外,函数调用还可以作为一个独立语句出现,例如,对例 5.2 中的函数调用语句可写成:

```
star(4);
```

函数调用还可以出现在表达式中,这也要求被调用函数必须返回一个值,例如:

```
m = max(x,y,z) + 10;
```

2. 函数的声明

函数定义的位置可以放在调用它的函数之前,也可以放在调用它的函数之后。如果函数定义的位置在前,函数调用在后,则对该函数不必事先声明,编译程序会产生正确的调用格式。如果函数定义的位置在后,而调用它的函数在前,这时为了使编译程序产生正确的调用格式,必须在使用函数之前对函数进行声明。函数声明语句的格式如下:

```
函数类型 函数名(形参表);
```

【例5.4】 素数判断。

【问题描述】 输出1到n之间的全部素数,每行输出10个。注意,1不是素数,2是素数。要求定义和调用函数prime(m)判断m是否为素数,当m为素数时返回1,否则返回0。

【问题分析】 本题需要对1～n之间的每一个数进行判断,如果是素数就输出,可以用下述循环来实现。

```
for(m = 1;m <= n;m++ )
    if(m 是素数)
        输出 m;
```

例4.6已经介绍了判断素数的方法,可以通过判断m能否被$2\sim\sqrt{m}$(或$2\sim m/2$)之间的数整除,如果能被其中任何一个数整除,则m不是素数,否则是素数。本题要求将判断素数的过程用自定义函数来实现,函数返回值为int类型,当m为素数时返回1,否则返回0。

每行输出10个素数,这需要计算输出的素数的个数,当是10的倍数时就要换行。

【参考代码】

```
# include < stdio. h >
# include < math. h >
int main()
{
    int count,m,n;
    int prime(int m);                  //函数声明
    count = 0;
    printf("请输入 n: ");
    scanf("% d",&n);
    printf("在 1 到 % d 之间的素数为: \n",n);
    for(m = 1;m <= n;m++ )
    {
        if(prime(m))                   //调用 prime 函数判断 m 是否为素数
        {
            printf(" % 4d",m);         //如果 m 是素数,输出 m
            count++ ;                  //累加已经输出的素数个数
            if(count % 10 == 0)
                printf("\n");          //如果 count 是 10 的倍数,换行
        }
    }
    printf("\n");
    return 0;
}
//定义判断素数的函数,如果 m 是素数则返回 1(真);否则返回 0(假)
int prime(int m)
{
    int i,p;
    if(m == 1) return 0;               //1 不是素数,返回 0
```

```
        p = sqrt(m);
        for(i = 2;i < = p;i++ )
            if(m % i = = 0)                    //如果 m 不是素数,返回 0
                return 0;
        return 1;                              //m 是素数,返回 1
    }
```

【代码分析】　这段代码中判断素数的函数 prime()定义在后,主函数 main()中要调用该函数需要事先声明 prime()函数。另外,在 prime()函数中有多处 return 语句,但每次调用时只有一个 return 语句会被执行,如果 m 是 1,或者能被 $2\sim\sqrt{m}$(或 $2\sim m/2$)之间的数整除,说明 m 不是素数,那就会执行 return 0;语句,从而结束 prime()函数的执行;当 $i>\sqrt{m}$ 时,程序会退出 for 循环,进而去执行 for 循环后面的语句,即 return 1;这说明 m 是素数。

【拓展思考】　编写函数,找出某个范围内的素数回文数。回文数可以通过将数字逆序,逆序后的数字与给定的数字是否相等来进行判断。例如,151 就是素数回文数。

> Tips
> ① 函数的调用形式:函数名(实参表)。
> ② 调用函数时,没有参数的情况下,括号不能省略。
> ③ 调用函数时,有参数的情况下,进行值传递时,实参和形参的类型、个数要一一对应。
> ④ 函数调用的方式可以作为一个独立语句出现,也可以出现在表达式中,还可以作为函数参数出现。
> ⑤ 如果函数定义在后,那么使用函数前应先对其进行声明。

▶ 5.2.3　函数的嵌套调用

C 语言中各函数之间是平行的、独立的,函数间不存在包含关系,也就是不允许出现函数的嵌套定义。但 C 语言允许函数之间互相调用,即在被调用的一个函数过程中又调用另一个函数,这就构成了函数的嵌套调用,其关系可如图 5.2 所示。

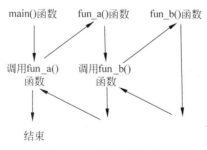

图 5.2　函数嵌套调用

图 5.2 表示了两层嵌套调用函数的情形。其执行过程是:在 main()函数中执行调用 fun_a()函数的语句时,即转去执行 fun_a()函数,在 fun_a()函数中执行调用 fun_b()函数的语句时,又转去执行 fun_b()函数,fun_b()函数执行完毕返回 fun_a()函数的断点,继续执行 fun_a()函数,fun_a()函数执行完毕返回 main()函数的断点,继续执行 main()函数。

【例 5.5】　成绩核算。

【问题描述】　老师在期末核定学生的 C 语言成绩时需要考虑学生的平时表现和期末考

试两方面，对其按一定权重进行求和，利用函数的嵌套调用求出一个学生的 C 语言成绩。

【问题分析】 题目要求利用函数的嵌套调用，这至少需要定义两个函数，根据题意，最终考试成绩由平时成绩和期末考试成绩两方面加权求和计算得到，因此，可以定义一个求和的函数 add()，求乘积的函数 multiply()，以及计算最终成绩的函数 compute()。定义完成后，在 main() 函数中调用 compute() 函数进行成绩计算，在 compute() 函数中调用 multiply() 函数对平时成绩和期末成绩进行加权，然后调用 add() 函数进行求和，从而借助函数的嵌套调用来实现学生的成绩计算。

【参考代码】

```c
#include <stdio.h>
#include <stdlib.h>
#include <time.h>
#include <math.h>
double add(double x, double y)
{
    return x + y;
}
double multiply(int x, double y)
{
    return x * y;
}
double compute(int x1, double y1, int x2, double y2)
{
    double result1 = multiply(x1, y1);          //调用 multiply() 函数计算 x 和 y 的积
    double result2 = multiply(x2, y2);
    int result = round(add(result1, result2));  //调用 add() 函数将积相加
    return result;                              //返回结果
}
int main()                                      //主函数
{
    int ran_a, ran_b;                           //分别代表平时成绩和期末考试成绩
    double weight_a, weight_b;                  //分别代表 ran_a 和 ran_b 的权重
    srand(time(NULL));                          //使用时间作为种子初始化随机数生成器
    ran_a = 50 + rand() % 51;                   //生成 50~100 之间的整数
    ran_b = 1 + rand() % 100;                   //生成 1~100 之间的整数
    weight_a = (double)rand()/(RAND_MAX + 1.0); //生成 0~1 之间的浮点数
    weight_b = 1.0 - weight_a;
    int result = compute(ran_a, weight_a, ran_b, weight_b);
                                                //调用 compute() 函数计算学生成绩
    printf("result = %d\n", result);
    return 0;
}
```

【代码分析】 程序中对于平时成绩和期末考试成绩使用了 C 语言中生成随机数的相关函数，要使用这些函数需要包括相关的头文件 <stdlib.h> 和 <time.h>，如果想要生成一个在给定范围 [min,max] 内的随机数，具体代码如下。

```c
srand(time(NULL));
int ran_val = min + rand() % (max - min + 1);
```

其中 srand(time(NULL)) 使用当前时间作为种子，确保每次运行时生成不同的随机数。另外，RAND_MAX 是 C 语言定义的宏常量，表示最大随机数，通常等于 $2^{31}-1$ 或者 $2^{63}-1$，具体取决于编译器和操作系统。还有，round 函数是对结果进行四舍五入的，要使用它需要包含头文件 <math.h>。

【拓展思考】 老师在期末核定学生的 C 语言成绩时需要考虑学生的平时表现和期末考

试两方面,对其按一定权重进行求和,利用函数的嵌套调用求出 40 个学生的 C 语言成绩。

【例 5.6】　最大公约数与最小公倍数。

【问题描述】　输入两个正整数 m 和 n,编写程序计算并输出它们的最小公倍数和最大公约数。要求定义和调用 f1(m,n)函数计算最小公倍数,定义和调用 f2(m,n)函数计算最大公约数。

【问题分析】　最小公倍数和最大公约数有以下关系:

$$最大公约数 \times 最小公倍数 = 两数乘积$$

所以只要求出其中一个,另一个很容易求出。可以定义 f1()函数,求 m 和 n 的最小公倍数;定义 f2()函数,求两数的最大公约数。在主函数中分别调用这两个函数,并输出函数调用的结果。其中调用函数 f2()的过程中又需要调用函数 f1(),从而构成函数的嵌套调用。函数调用过程如图 5.3 所示。

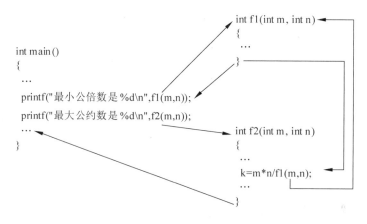

图 5.3　例 5.6 中函数的调用过程

【参考代码】

```c
#include <stdio.h>
int main()
{
    int n,m;
    int f1(int m, int n);               //函数声明
    int f2(int m, int n);               //函数声明
    printf("请输入第一个数 m: ");
    scanf("%d",&m);
    printf("请输入第二个数 n: ");
    scanf("%d",&n);
    printf("最小公倍数是 %d\n",f1(m,n));  //函数调用
    printf("最大公约数是 %d\n",f2(m,n));  //函数调用
    return 0;
}
int f1(int m, int n)                     //求最小公倍数的函数
{
    int j;
    j = m;
    while(j%n!= 0)
        j = j + m;
    return j;
}
int f2(int m, int n)                     //求最大公约数的函数
{
```

```
    int k;
    k = m * n/f1(m,n);                              //函数调用
    return k;
}
```

【代码分析】 代码中求最小公倍数的基本思想是通过循环不断增加变量 m 的倍数,直到找到一个同时是变量 m 和变量 n 的倍数的数为止,此时这个数就是 m 和 n 的最小公倍数。另外,f1()函数和 f2()函数都被 main()函数调用,但定义在 main()函数后面,所以在 main()函数中对它们进行了声明,f2()函数中调用了 f1()函数,但 f1()函数定义在 f2()函数前,所以在 f2()函数中无须声明 f1()函数。

▶ 5.2.4 函数的递归调用

在调用一个函数的过程中又直接或间接地调用该函数本身,称为函数的递归调用,带有递归调用的函数又称为递归函数。

函数的递归调用分为直接递归调用和间接递归调用。例如,在 fun_a()函数中又调用 fun_a()函数本身,就是直接递归调用。如果在 fun_a()函数中调用 fun_b()函数,而在 fun_b()函数中又调用 fun_a()函数,就是间接递归调用,如表 5.2 所示。

表 5.2 两种形式的函数递归调用

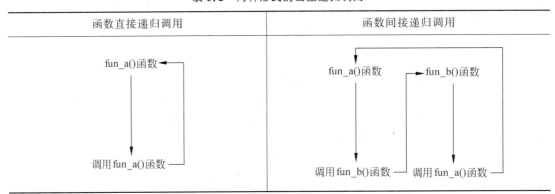

函数直接递归调用	函数间接递归调用

递归调用就是将原来的大问题分解为更小的、相同结构的子问题,按照这一原则分解下去,最终分解出来的问题是一个已知解的问题。递归调用过程分两个阶段。

(1) 递推阶段:将原问题不断地分解为新的子问题,逐渐从未知向已知的方向递推,最终达到已知的条件,即递归结束条件,这时递推阶段结束。

(2) 回归阶段:从已知条件出发,按照"递推"的逆过程,逐一求值回归,最终到达"递推"的开始处,结束回归阶段,完成递归调用。

适合使用递归的经典问题包括阶乘的计算、斐波那契数列、汉诺塔问题、二叉树遍历等。

【例 5.7】 阶乘的计算。

【问题描述】 用递归调用的方法求 n!。

【问题分析】 先看计算 n 的阶乘的公式:

$$n! = n \times (n-1) \times (n-2) \times \cdots \times 1 = n \times (n-1)!$$

转换为递归公式:

n=0、1 时: n!=1。

n>1 时: n!=n*(n-1)!。

【参考代码】

```c
#include <stdio.h>
int main()
{
    int n;
    float fac(int n);
    scanf("%d",&n);
    printf("%d!=%f",n,fac(n));
    return 0;
}
float fac(int n)
{
    1:int y;
    2:if(n<=1)
    3:    return 1;                //递归出口
    4:else
    5: { y=fac(n-1);              //递归调用
    6:   return n*y;
    7: }
}
```

【代码分析】　使用递归来解决问题,必须抓住两个关键点,其一是要找出递归公式,即递归的表达式,本例中递归公式为 n!＝n*(n−1)!;其二是要有递归出口,即递归结束的条件,本例中递归出口为 n≤1 时,f(n)＝1。程序中使用了双分支的 if 语句,一个分支是递归出口,一个分支是递归调用。对于大多数递归函数,都可以这样考虑和书写。代码实现中本例为图示递归过程,在函数 fac()中加入行标号,以示断点位置,当 n＝3 时递归过程分析如图 5.4 所示。

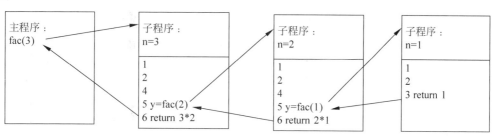

图 5.4　例 5.7 的递归过程分析

【拓展思考】　(1)使用递归方式编程输出 1～10 的阶乘。

(2)请用循环结构实现 n! 的计算。

递归能够简化一些问题的描述和解法,并且能够提高代码的可读性和易理解性,使用时要注意避免出现无限递归的情况,即确保递归能够最终收敛到基本情况。此外,递归可能会占用较多的内存空间和调用栈空间,因此在使用递归时需要注意控制递归深度,避免栈溢出等问题。

【例 5.8】　Fibonacci 数列。

【问题描述】　递归法求 Fibonacci 数列:1,1,2,3,5,8,13,…

【问题分析】　Fibonacci 数列的递推通项公式如下:

$$\begin{cases} F_1 = F_2 = 1 \\ F_n = F_{n-1} + F_{n-2} (n \geqslant 3) \end{cases}$$

从第 3 项开始,每一项都是其前面两项的和,设 fib(n)表示第 n 个 Fibonacci 数,则有:

$$\begin{cases} fib(n) = 1(n = 1 \text{ 或 } n = 2) \\ fib(n) = fib(n-1) + fib(n-2)(n \geq 3) \end{cases}$$

【参考代码】

```
#include <stdio.h>
long fib(int m);
int main()
{
    long bf;
    int n;
    scanf("%d",&n);
    bf = fib(n);
    printf("Fibonacci(%d)=%ld",n,bf);
    return 0;
}
long fib(int m)
{
    if(m==1||m==2)
        return 1;                    //递归出口
    else
        return fib(m-1)+fib(m-2);    //递归调用
}
```

【代码分析】 本题中要注意，如果变量 n 很大，那么变量 fib(n) 将是一个超过 int 类型表示范围的数据，因此这里要使用 long 作为 fib(n) 的返回值类型。另外，以 fib(5) 为例得到 Fibonacci 数列的递归调用示意图如图 5.5 所示。

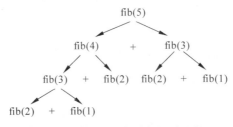

图 5.5 求 fib(5) 的递归调用过程

【例 5.9】 汉诺塔问题。

【问题描述】 相传古印度贝拿勒斯圣庙中有 1 块铜板，铜板上有编号为 A、B、C 的 3 根柱子，在 A 柱自上而下按由小到大的顺序串了 64 个金盘（图 5.6 显示的是串了 4 个金盘的情况）。庙中的僧侣们进行一种称为汉诺塔的游戏：把 A 柱上的金盘移到 C 柱上，并仍按原有顺序叠好。游戏规则是：每次只能移动 1 个金盘，在移动过程中不允许大盘叠在小盘之上。僧侣们说，当把 64 个金盘都从 A 柱移到 C 柱上时，世界末日就要到了。

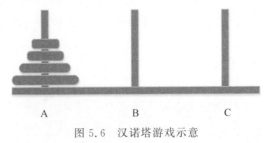

图 5.6 汉诺塔游戏示意

【问题分析】 不妨先拿 3 个盘子来模拟一下，看能否找到某些重复性规律，以便考虑盘子更多的情况。通过分析可以看到虽然搬动步骤的类型不多,也有重复的要求,但重复步骤不同,无明确的规律,故无法用循环实现。

经过分析可知,将 n 个盘子从 A 柱搬到 C 柱的递归过程如下:

(1) 把 A 柱上的 n−1 个盘子搬到 B 柱(中间过渡柱)上;

(2) 把 A 柱上的最后一个盘子(n 号盘子)搬到 C 柱(目标柱)上;

(3) 把已经搬到 B 柱上的 n−1 个盘子搬到 C 柱上。

其中第(1)步和第(3)步是类似的,都是把 n−1 个盘子从一个柱子搬到另一个柱子,只是柱子的名字不同而已。按照搬动规则,必须有 3 个柱子才能完成搬动,一个柱子是搬动源,一个柱子是目的地,还有一个柱子作为中间过渡。在搬动过程中 3 个柱子的地位是动态变化的,因此,在函数中必须指定 3 个柱子,使其作为函数的参数。

递归出口则是当 n=1,这时可以直接显示搬动过程。

具体搬动步骤,用 printf( )函数输出。

【素质拓展】 理论与实践一致

通过汉诺塔游戏,导入递归问题,进而编写出程序,让学生先接受理论知识,再动手编程,用理论指导实践,用实践检验理论,做到理论联系实际。有理论不会动手是不行的,盲目行动没有理论指导更加不行。

【参考代码】

```c
# include < stdio.h >
int main()
{
    int n;
    void hanio(int n, char a, char b, char c);     //函数声明
    printf("Input the number of disks:");
    scanf(" % d",&n);
    printf("The steps for % d disks are:\n",n);
    hanio(n,'A','B','C');                          //函数调用
    return 0;
}
void hanio( int n, char a, char b, char c)         //从 a 到 c 搬动 n 个盘,b 为中间过渡
{
    if(n = = 1)                                    //递归出口
        printf(" %c - ->%c\n",a,c);
    else
    {
        hanio(n-1,a,c,b);                          //递归调用
        printf(" %c - ->%c\n",a,c);
        hanio(n-1,b,a,c);                          //递归调用
    }
}
```

递归的出口是移动一个盘子的操作。从运行结果可以看到,对 3 个盘子需要搬动 7 次,对 n 个盘子需要搬动 2^n-1 次。要搬动 64 个盘子共需 $2^{64}-1$ 次。假设僧侣每天 24 小时不停地搬,并且每秒搬动一次,大约需要 6×10^{11} 年,即约 600 亿年,比地球的年龄还要长。所以僧侣们才会说,搬完 64 个盘子时,"世界末日"也就到了。

设计递归程序时,关键是找出运算规律,即递归公式,千万不要局限于实现细节,否则很难理出头绪,具体实现细节应该让计算机去处理。

> Tips
> ① 函数之间可以互相调用,这就是函数的嵌套调用。
> ② 递归调用是函数嵌套调用的一种情况,分为直接递归调用和间接递归调用。
> ③ 使用递归来解决问题,必须抓住两个关键点,一是找出递归公式,二是找出递归出口。
> ④ 大多数递归函数的实现都会考虑使用双分支的 if 语句。

5.3 变量的存储类别

当用户编程上机时,编译器会为用户提供一定的内存空间,该内存空间被划分为不同的区域以存放不同的数据,如图 5.7 所示。程序区,用来存放用户的程序;动态区,用来存放暂时的数据;静态区,用来存放相对永久的数据。

程序区
动态区
静态区

图 5.7 用户区的划分

C 语言中的变量有两个特征,一是它们的作用范围有大有小,二是它们的存在期限有长有短,这两个特征决定了变量的存储类别。所谓的存在期限是指变量从分配内存单元开始,到内存单元被收回的整个过程,称为变量的生命周期。在 C 语言中用 4 个类型说明符 register,auto,static,extern 来表示变量的存储类别。

在定义一个变量时,除了指定其数据类型外,还可以指定其存储类别,一般定义格式如下:

存储类型　数据类型　变量表;

如 register int a;语句定义了一个寄存器类型的整型变量 a。

1. 自动（auto）变量

自动变量在定义时可以加 auto 关键字或什么都不加,是 C 语言默认的局部变量的存储方式。自动变量的作用范围是从定义处开始,到复合语句结束。函数体是个最大的复合语句。函数被调用时,系统自动为自动变量分配内存单元,函数调用结束,系统自动收回所分配的内存单元。

自动变量定义的一般形式如下。

auto 类型名 变量名表;

其中,auto 为自动存储类别关键词,可以省略,省略时系统默认变量类型为 auto 类型。例如,auto int a,b;语句与 int a,b;语句完全等价。前面介绍的函数中定义的变量虽然都没有声明为 auto 类型,其实都隐含指定为 auto 类型,也就是说,前面程序中定义的局部变量都是自动变量。

【例 5.10】 auto 变量示例。

【示例代码】

```c
# include < stdio. h >
int main()
{
    auto int i = 1, j = 2;
    printf(" % d, % d\n",i,j);
    {
        int i = 3, a = 4;
```

```
        float x = 1.1, y = 1.2;
        printf("%d,%d\n", ++i, a);
        printf("%f,%f\n", x, y);
        j++;
    }
    printf("%d,%d\n", i, j);
    return 0;
}
```

【代码分析】　程序中,i,j,x,y,a 都是自动变量,只是变量 x,y 和 a 的作用范围是在内嵌的复合语句中,而变量 j 的作用范围是整个函数体。注意变量 i 在两个地方都有定义,但它们的作用范围不同。内嵌于复合语句中的 i 只在此复合语句中起作用;而外部的 i 在整个函数中起作用,但因被内嵌的复合语句中的 i 所屏蔽,所以其作用达不到复合语句内部。因此这两个 i 虽然名字一样,但它们是不同的变量,在复合语句范围内,以复合语句的局部变量优先,函数局部变量不起作用。运行上面的程序,输出结果如下。

```
1,2
4,4
1.100000,1.200000
1,3
```

自动变量放在动态区中,函数调用结束后就被撤销。另外,主函数中定义的局部变量也只在主函数中有效,不能在其他函数中使用。同样,主函数中也不能使用其他函数中定义的变量。因为主函数也是一个函数,它与其他函数是平行关系。这在前面的例子中都能看到这种情况。不同函数中可以使用相同的局部变量名,它们代表不同的对象,占有不同的内存单元,互不干扰,不会发生混淆。例如,在前面的例 5.6 中,主函数中定义了变量 m,n,子函数 f1()和 f2()中的参数也都是 m,n,虽然同名但是为不同的变量,定义在不同函数内,有各自的存储单元和作用范围,相互之间不会产生干扰,所以形参 m 和 n 的改变不会影响实参 m 和 n 的值。

2. 寄存器(register)变量

寄存器(register)变量的存储方式是 C 语言中使用较少的一种局部变量的存储方式。该方式将局部变量存储在 CPU 的寄存器中,计算机对 CPU 寄存器的操作比对内存要快很多,所以可以将程序中在一段时间内要反复使用的局部变量存放在寄存器中,以加快程序运行速度。

寄存器变量只适用于整型,其定义的一般形式如下。

```
register int 变量名表;
```

寄存器变量的使用方式与自动变量相同,一般情况下较少使用。

3. 静态(static)变量

静态变量被放在内存的静态区,在整个程序运行期间其空间位置固定不变。静态变量定义时在前面加上 static 关键词,一般形式如下。

```
static 类型名 变量名表;
```

静态变量在定义时被赋值一次,如不显示赋初值,则系统会对其自动赋初值(数值型变量赋初值为 0,字符型变量赋初值为空字符 '\0')。包含 static 变量的函数(不是 main()函数)被调用完后,static 变量不会随着所在函数结束而被回收内存,其值也不会消失,当再次调用该函数时,上次调用的结果就作为本次的初值使用,原先静态变量的定义及赋初值操作在函数再次被调用时将被忽略。

【例 5.11】 static 变量示例。
【示例代码】

```c
#include <stdio.h>
int main()
{
    int k;
    void fun(int k);
    for(k = 1; k < 4; k++ )
        fun(k);                          //循环调用 3 次
    printf("\n");
    return 0;
}
void fun(int k)
{
    static int x;                        //静态局部变量 x 的初值为 0
    int y = 0;
    printf("x = %d, y = %d\n", x, y);
    x += k;                              //静态局部变量 x 会记住前一次调用时留下来的值
    y += k;
}
```

【代码分析】 在函数 fun() 中，静态变量 x 的初值为 0，自动变量 y 的初值也为 0，主函数循环调用 3 次 fun() 函数，每一次进入 fun() 函数，静态局部变量 x 都保存着上次调用时留下的值，而自动变量 y 虽然在函数调用时进行 y += k 的运算，但当 fun() 函数调用结束后它的值也就消失了。运行上面的程序，输出结果如下。

```
x = 0, y = 0
x = 1, y = 0
x = 2, y = 0
```

4. 外部（extern）变量

在所有函数之外定义的变量称为外部变量，它们不为某个函数所专有，程序中所有函数都可以使用它们，因此外部变量就是全局变量。全局变量的作用范围是从定义处开始，到程序运行结束。当使用 extern 变量声明全局变量时，可以扩展全局变量的作用域，可以从"声明"的地方开始，合法地使用该全局变量。外部变量放在静态区中。外部变量声明的一般形式如下。

```
extern 类型名 变量名表;
```

外部变量声明只起说明作用，不分配内存单元，对应的内存单元在全局变量定义时分配。
【例 5.12】 extern 变量示例。
【示例代码】

```c
#include <stdio.h>
int max(int x, int y)                    //定义 max 函数
{
    int z;
    z = x > y?x:y;
    return z;
```

```
    }
    int main()
    {
        extern int a,b;                    //外部变量声明
        printf("max =% d",max(a,b));
        return 0;
    }
    int a = 13,b = 23;
```

【代码分析】　例5.12中的程序文件在最后一行定义了全局变量a,b,由于全局变量定义的位置在main()函数之后,因此在main()函数中本来不能引用全局变量a和b。现在在main()函数体一开始用extern变量对a和b进行"外部变量声明",表示a和b是已经定义的外部变量(但定义的位置在后面)。这样在main()函数中就可以从声明的地方开始,合法地使用全局变量a和b了。如果不作extern声明,编译时将出错,系统不会认为a、b是已定义的外部变量。实际上较好的做法是把外部变量的定义放在引用它的函数之前。本例运行结果如下:

```
max = 23
```

例5.12中是在同一个文件中声明外部变量,如果一个程序由多个程序文件模块组成,也可以通过外部变量声明,使全局变量的作用范围扩展到其他程序文件模块。

> Tips
> ① 自动变量的关键词auto可以省略,这是C语言默认的局部变量的存储方式。
> ② 采用static变量声明的静态变量在定义时会被赋值一次,如不显示赋初值,则系统会对其自动赋初值(0或 '\0')。
> ③ static变量声明的静态变量在程序运行期间一直存在,所分配的内存空间不变,其值也不会消失。
> ④ 采用extern变量声明外部变量只起说明作用,不分配内存单元,用来扩展变量的作用范围。

5.4　本章小结

本章所涉及的知识思维导图如图5.8所示。函数是模块化程序设计的基本单位,通常将相对独立的、经常使用的功能用一个函数来实现。一个C语言程序可以由一个主函数和若干个子函数构成。主函数是程序执行的开始点,主函数调用子函数,子函数还可以调用其他子函数来完成所需要的功能,这就形成了函数的嵌套调用。在调用函数过程中,如果出现函数直接或间接地调用函数本身,称为函数的递归调用。调用函数时的参数传递是实参与形参结合的过程,又称为虚实结合传值调用。

根据变量作用域不同,变量可分为局部变量和全局变量。根据变量生存期不同,可分为动态存储变量和静态存储变量。综合变量的作用域及生存期,变量可以分为4种存储类别:自动变量、寄存器变量、静态变量、外部变量。

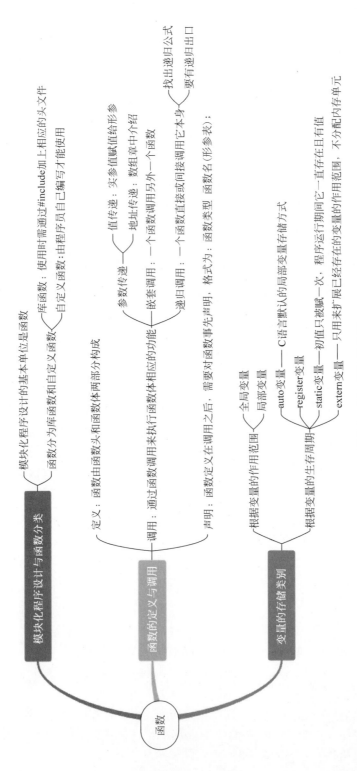

图 5.8 第 5 章思维导图

5.5 拓展习题

1. 基础部分

（1）请写出以下程序的输出结果。

```c
# include < stdio.h >
int f(int,int);
int main()
{
  int i = 2,p;
  p = f(i,i + 1);
  printf(" % d\n",p);
  return 0;
}
int f(int a, int b)
{
  int c;
  c = a;
  if(a > b) c = 1;
  else if(a = = b) c = 0;
  else c = - 1;
  return c;
}
```

（2）请写出以下程序的输出结果。

```c
# include < stdio.h >
int fun(int a, int b)
{
  if(a > b)
    return (a);
  else
    return (b);
}
int main()
{
  int x = 3,y = 8,z = 6;
  printf(" % d\n",fun(fun(x,y),2 * z));
  return 0;
}
```

（3）请写出以下程序的输出结果。

```c
# include < stdio.h >
void f(int x, int y)
{
  int t;
  if(x < y) {t = x; x = y; y = t;}
}
int main()
{
  int a = 4,b = 3,c = 5;
  f(a,b); f(a,c); f(b,c);
  printf(" % d, % d, % d\n",a,b,c);
  return 0;
}
```

（4）请写出以下程序的输出结果。

```c
# include < stdio. h>
int fun()
{
    static int x = 1;
    x * = 2;
    return x;
}
int main()
{
    int i, s = 1;
    for(i = 1; i < = 2; i++ )
        s = fun();
    printf(" % d", s);
    return 0;
}
```

（5）请写出以下程序的输出结果。

```c
# include < stdio. h>
int fun( int a, int b)
{
    static int m = 0, i = 2;
    i + = m + 1;
    m = i + a + b;
    return m;
}
int main()
{
    int k = 4, m = 1, p;
    p = fun(k, m);
    printf(" % d,", p);
    p = fun(k, m);
    printf(" % d\n", p);
    return 0;
}
```

（6）以下是求 x 的 y 次方的函数，请填空。

```c
double fun(double x, int y)
{
    int i;
    double z = 1.0;
    for(i = 1; i _____ ; i++ )   z = _____ ;
    return z;
}
```

（7）以下程序的功能是计算 $s = \sum_{k=0}^{n} k!$，请填空。

```c
# include < stdio. h>
long f( int n)
{
    int i;
    long s;
    s = _____ ;
    for(i = 1; i < = n; i++ )   s = _____ ;
    return s;
}
int main()
```

```
{
    long s; int k,n;
    scanf("% d",&n);
    s = _____;
    for(k = 0;k <= n;k++)  s = s + _____;
    printf("% ld\n",s);
    return 0;
}
```

(8) 输入 1 个整数,编写函数判断该数是奇数还是偶数,并写出相应的主函数。

(9) 编写一个函数,判断输入的年份是否是闰年,并写出相应的主函数。

(10) 已知一个数列从第 1 项开始的前 3 项为 0,0,1,以后的各项都是其相邻的前 3 项之和。要求使用递归方法编写函数 fun(n),求该数列第 n 项的值,返回值为长整型,并写出相应的主函数。

(11) 编程计算 sum＝1!＋3!＋5!＋7!。要求定义和调用 fact(n)函数计算 n!。

(12) 编写一个函数,根据以下公式计算 S 的值。要求在主函数中输入 n 的值。

$$S=1+\frac{1}{1+2}+\frac{1}{1+2+3}+\cdots+\frac{1}{1+2+3+\cdots+n}$$

(13) 编写函数,实现用二分迭代法求下列方程在区间[m,n]上的根,误差小于 0.001。

$$2x^3-4x^2+3x-6=0$$

提示:用二分迭代法求解一元方程的思想是先取 $f(x)=0$ 的两个粗略解 x_1 和 x_2,若 $f(x_1)$ 和 $f(x_2)$ 符号相反,则方程在区间 (x_1,x_2) 内至少有一个解;若 $f(x)$ 在区间 (x_1,x_2) 内单调上升或下降,则 (x_1,x_2) 之间应有一个实数解。取 $x_3=(x_1+x_2)/2$,并在 x_1 与 x_2 中舍去函数值与 $f(x_3)$ 同号者(如 x_2),x_3 与剩下的一个粗略解(如 x_1)组成一个新的含解空间 (x_1,x_3)。再取 (x_1,x_3) 的中点 x_4,若 $f(x_1)$ 和 $f(x_4)$ 同号,则得到更小的含解区间 (x_4,x_3)。不断重复该过程,便可以构造出一个序列 $x_1,x_2,x_3,\cdots,x_n$。当 x_n 与 x_{n-1} 之差小于给定的误差时,x_n 便是方程的近似解。

2. 提高部分

(1) 编写函数,用迭代法求方程 $\cos(x)-x=0$ 的根,要求误差小于 0.01。

(2) 编写函数,判断一个数是否是素数回文数,如 151 既是素数又是回文数,并在主函数中调用该函数,找出某个范围内的所有素数回文数。

(3) 输入两个正整数 m 和 n(m＞n),编写程序求 $C_m^n=\dfrac{m!}{n!(m-n)!}$ 的值。要求定义和调用 fact(n)函数计算 n!。

(4) 用递归算法,把任一给定的十进制正整数转换成八进制数输出。

(5) 将 n 个灯泡编成 n 号,即 1,2,…,n。现有 n 个人去拉开关,第 1 个人把 1 的倍数的灯泡开关都拉一下,第 2 个人把 2 的倍数的灯泡开关都拉一下,第 3 个人把 3 的倍数的灯泡开关都拉一下……直到第 n 个人将第 n 号灯泡开关拉一下。假定开始时,灯泡全不亮,编写函数求这 n 个人全拉完后,有多少个灯泡是亮的。

(6) 编写函数,给定一个整数 X,发现最接近它的素数。例如,当屏幕出现 22 时,回答是 23;当屏幕出现 8 时,回答应该是 7;若 X 本身是素数,则回答 X;若最接近 X 的素数有两个,则回答大于它的素数。

(7) 编写函数,求一个整数的各位之和与各位之积。

(8) 编写函数,根据以下公式求 π 的值,其中最后一项的绝对值小于输入精度 e。

$$\frac{\pi}{4} = 1 - \frac{1}{3} + \frac{1}{5} - \frac{1}{7} + \cdots$$

5.6 拓展阅读

程序设计方法

对于优秀的程序员来讲，程序设计语言可以成为强大的开发工具，但语言本身并不能保证程序的质量。因此，优秀的程序员还需要掌握先进的程序设计方法，提高程序设计的效率，使设计的程序更加可靠。所谓的程序设计方法，就是使用计算机可执行的程序来描述解决特定问题的算法的过程。

1. 结构化程序设计

20世纪70年代出现的结构化程序设计方法，其设计思想是"自顶向下、逐步求精"，核心是模块化。即从问题的总目标开始，抽象底层的细节，然后再一层一层地分解和细化，将复杂问题划分为一些功能相对独立的模块，各个模块可以独立地设计，在模块与模块之间定义相应的调用接口。结构化程序设计思想如图5.9所示。

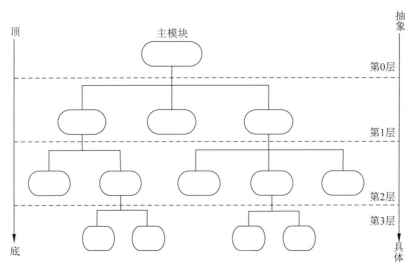

图 5.9 结构化程序设计思想

如果一个程序的代码仅仅通过顺序、选择和循环这3种基本控制结构进行链接，并且每个代码块只有一个入口和一个出口，则称这个程序是结构化的。结构化程序设计方法符合人类解决大型复杂问题的普遍规律，采用先全局后局部、先整体后细节、先抽象后具体的逐步求精过程，避免一开始就陷入复杂的细节中，从而使复杂的设计过程变得简单明了。采用结构化程序设计方法开发的程序具有清晰的层次结构，便于阅读和理解的特点，并且提高了程序设计的效率。

2. 面向对象的程序设计

20世纪70年代末出现的面向对象程序设计方法，其出发点和基本原则是尽可能地模拟现实世界中人类的思维过程，使程序设计方法和过程尽可能地接近人类解决现实问题的方法和步骤。随着面向对象程序设计方法和工具的成熟，20世纪90年代，面向对象程序设计逐步取代了结构化程序设计。

在面向对象程序设计中,程序是由一组对象组成的,每个对象都有其自身的特点(属性)和能够执行的操作(方法)。面向对象程序设计引入了继承的思想,可以利用已经存在的对象来创建新对象,新对象不但继承其祖先的属性和方法,并且可以根据需要在新对象中增加新的属性和方法。

面向对象的程序设计总体上采用自底向上的方法,先将问题空间划分为一系列对象的集合,再将对象集合进行抽象分类,一些具有相同属性和行为的对象被抽象为一个类,采用继承来建立这些类之间的联系。同时对于每个具体类的内部结构,采用"自顶向下、逐步求精"的设计方法,自底向上的程序设计思想如图 5.10 所示。

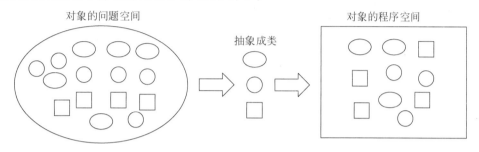

图 5.10　自底向上的程序设计思想

面向对象程序设计方法比较符合人类认识问题的客观规律,先对需要求解的问题进行分析,将问题空间中具有相同属性和行为的对象抽象为一个类,随着对问题的不断深入,可以在相应的类中增加新的属性和行为,或者由原来的类派生出一些新的类,再向这个子类中添加新的属性和行为,类的修改与派生过程反映了对问题的认识程度不断深入的过程。

3. 程序设计方法的发展

未来的程序设计方法会更加自动化,将一些可以重复使用的程序资源和底层技术封闭起来,可以使程序设计人员屏蔽底层的技术细节,而把精力放在程序的架构和创新等方面。

(1) 面向方面程序设计。

面向方面程序设计是由施尔公司 PARC 研究中心 Gregory Kicgales 等 1997 年提出的。所谓的方面(Aspect)就是一种程序设计单元,它可以将在传统程序设计方法中难以清晰地封装并模块化实现的设计决策,封闭实现为独立的模块,类似于面向对象中的类。面向方面程序设计是一种关注点分离技术,通过运用 Aspect 这种程序设计单元,允许开发者使用结构化的设计和代码,反映其对系统的认识方式,达到"分离关注点,分而治之"的目的。

(2) 面向组件程序设计。

软件工业的发展导致了应用程序不断膨胀的趋势,当开发人员在自己的产品中增加越来越多的功能时,应用程序的规模也在不断扩大,导致了对内存和磁盘空间都提出了很高的要求。面向组件程序设计可以扭转这种应用程序不断膨胀的趋势。

所谓组件,就是可以进行内部管理的一个或多个类组成的群体,每个组件包括一组属性、事件和方法。组件要求第三方厂家可以生产和销售,并能集成到其他软件产品中。面向组件程序设计借鉴了硬件设计的思想,应用程序开发者可以利用现有的组件,再加上自己的业务逻辑,就可以开发出应用软件。总之,组件开发技术使软件开发变得更加简单快捷,并极大地增强了软件的重用能力。

(3) 敏捷程序设计。

敏捷程序设计又称为轻量级开发方法。敏捷程序设计强调"适应性"而非"预见性",其目的就是适应变化的过程。敏捷程序设计是"面向人"而非"面向过程"，敏捷程序设计方法认为没有任何过程能代替开发组的技能，过程起的作用是对开发组的工作提供支持。

（4）面向 Agent 程序设计。

随着软件系统服务能力要求的不断提高，在系统中引入智能因素已经成为必然。Agent 作为人工智能研究重要而先进的分支，引起了科学、技术与工程界的高度重视。Agent 作为一个自包含、并行执行的软件过程能够封装一些状态，并通过传递消息与其他 Agent 进行通信，被看作面向程序设计的一个自然发展。

面向 Agent 程序设计的主要思想是：根据 Agent 理论所提出的代表 Agent 特性的、精神的和有意识的概念直接设计 Agent。基于 Agent 的系统应是一个集灵活性、智能性、可扩展性、稳定性、组织性等诸多优点于一身的高级系统。

前面章节中处理的问题中所涉及的数据量都很少,所使用的数据也都是基本类型(整型、实型、字符型)的数据,但在实际问题中,常常需要处理大量的有相同性质的数据。比如,统计某学院一个年级 600 名学生的某门课程的平均成绩及不及格人数,不可能定义 600 个变量并一一进行赋值,再把这 600 个变量相加求平均值。解决这个问题的最好办法是使用数组。数组是 C 语言中的一种构造数据类型,它可以把多个相同类型的数据组合在一起,用一个变量名表示,这个变量名称为数组名,组成数组的变量称为该数组的元素。每个数组元素都是一个变量,有相同的数据类型,用数组名加下标的方式表示。C 语言中数组元素的下标从 0 开始计数,最大下标比数组元素个数少 1。学习本章,要注意以下问题:

(1) 如何定义数组,包括数组类型、大小和元素类型,理解数组和数组元素间的关系;

(2) 如何访问数组中的元素,了解数组元素在内存中的存储方式;

(3) 数组与数组元素分别作为函数的参数如何传递数据;

(4) 理解二维数组的概念、存储方式和使用方法;

(5) 如何使用数组解决实际问题,如排序、查找和处理数据等;

(6) 理解字符数组的概念、存储方式和使用方法,掌握并应用各种字符串处理函数。

【素质拓展】 集体的力量

通过数组定义的内涵,即具有相同的数据类型的数据的集合,告诫学生物以类聚人以群分,近朱者赤近墨者黑,要多跟有正能量的人交往,交友很大程度上影响一个人的发展轨迹。

6.1　一维数组

视频讲解

▶ 6.1.1　一维数组定义与初始化

1. 一维数组定义

一维数组定义的一般形式如下:

> 类型说明符 数组名[整型常量表达式];

其中,类型说明符是指数组元素的类型;数组名是标识符,是数组类型的变量;整型常量表达式是指该数组的大小,可以为整型常量或符号常量,但不能为变量。[]被称为下标运算符,具有最高的优先级。例如:

```
int a[10];
```

定义了含有 10 个整型元素的数组 a,但例如:

```
int n;
scanf(" % d",&n);
int a[n];
```

这种定义数组的方式是错误的，因为数组的大小不是常量，它依赖于程序运行时变量的取值。

数组中元素在内存中是连续存放的。定义一个数组后，系统会在内存中开辟一段连续的空间，其大小为数组元素个数×数组元素类型的字节数，数组名代表了这段空间的首地址，同时也是数组中第一个数据元素的地址，即 a 代表了 &a[0]，数组元素在这段内存空间中顺次存放。例如，上面定义的数组 a，系统会在内存中给它分配 10×4＝40 字节的空间（假设系统中一个整型数据占 4 字节）。这个数组 a 中的元素在内存中的存放次序如图 6.1 所示。图 6.1 中 a[0]，a[1]，…，a[9]分别表示数组 a 的 10 个元素，它们在内存中按顺序存放，其值分别是 0，1，2，3，4，5，6，7，8，9。

图 6.1　数组元素的存放次序

2. 一维数组的初始化

在定义一个数组变量的同时可以给它赋值，这称为数组的初始化。数组初始化的一般形式如下。

```
类型说明符 数组名[整型常量表达式] = {初值1,初值2,…};
```

初始化时所赋的初值放在赋值号右侧的一对花括号中（不可为空），初值之间用逗号分隔，且数值类型与数组定义类型要一致，编译系统按初值顺序依次赋值给数组中的元素。数组的初始化要注意以下几种情况。

（1）对全部数组元素初始化。例如：

```
int a[3] = {1,2,3};
```

按花括号中数据出现的顺序依次赋值给数组 a 中下标为 0、1、2 的元素，这相当于做以下赋值：a[0]＝1；a[1]＝2；a[2]＝3；。

（2）对部分数组元素赋初值。例如：

```
int a[5] = {1,2};
```

其中，定义数组 a 的初值个数少于定义的数组元素个数，系统自动给数组中后面的数值型元素赋为 0。因此，这相当于做以下赋值：a[0]＝1；a[1]＝2；a[2]＝0；a[3]＝0；a[4]＝0；，若定义的数组为字符型，当初值个数少于定义的数组元素个数时，那么系统会给其余的字符型元素赋'\0'（ASCII 码为零的字符）值。

在应用中，可能需要对某些不连续的数组元素赋初值，此时需要将不予赋值的地方写为 0（对数值型数组而言）。例如，给数组 a 中下标为 1、3 的元素分别赋值 1、2，此时的初始化语句如下。

```
int a[5] = {0,1,0,2};
```

这里，元素间的逗号分隔符不可省，且前面没被赋值的元素要被赋为 0，这条初始化语句相当于以下赋值：a[0]＝0；a[1]＝1；a[2]＝0；a[3]＝2；a[4]＝0；。

（3）若初始化时给出所有元素的初值，那么可以不指定数组的大小。例如：

```
int a[] = {1,2,3,4,5};
```

这里给出了 5 个初始值，这就说明数组 a 大小为 5，最大下标为 4。

Tips

① 一维数组的定义形式为"类型 数组名[整型常量表达式]"。

② []被称为下标运算符,具有最高的优先级。

③ 数组中元素在内存中是连续存放的,数组名就是这段连续内存空间的首地址。

④ C 语言中数组下标从 0 开始计数。

⑤ 数组初始化的一般形式为"类型说明符 数组名[整型常量表达式]={初值 1,初值 2,…};"。

⑥ 若只给部分数组元素赋初值,系统自动给数组中后面的数值型元素赋 0,字符型元素赋'\0',但若是不连续赋值,那么前面的没有初值的元素要被赋为 0,否则会出错。

⑦ 若初始化时给出所有元素的初值,那么定义时可以不指定数组的大小。

▶ 6.1.2　一维数组元素的引用

引用一维数组元素的一般形式如下:

数组名[整型表达式]

这种形式只能逐个引用数组元素而不能一次引用整个数组。例如,对于 6.1.1 节定义的数组 a,可以用 a[0]、a[1]、a[i+1] 等来表示 a 的某个元素,其中 i 为已取值的整型变量,整型表达式的取值范围为[0,元素个数-1]。注意,引用数组元素时,数组元素本身相当于一个变量,其类型与数组类型一致,因此对数组元素的操作相当于对同类型变量的操作。

【例 6.1】　一维数组定义与数组元素引用示例。

【问题描述】　编写一个程序,声明一个整型数组 a,并将数组元素初始化为 1～10,然后将数组中元素反序输出。

【参考代码】

```c
#include <stdio.h>
int main()
{
    int i,a[10];
    for(i = 0;i < 10;i++)
      a[i] = 1 + i;
    for(i = 9;i >= 0;i--)
      printf("%d\t",a[i]);
    return 0;
}
```

【代码分析】　这段代码给出了典型的操作数组元素的代码,常用 for 循环来操作数组,一般形式如下:

```c
for(i = 0;i <= 数组大小-1;i++){…a[i]…}
```

或

```c
for(i = 数组大小-1;i >= 0;i--){…a[i]…}
```

以此来顺序或逆序地遍历一维数组中的所有元素。

Tips

① 引用一维数组元素的一般形式为"数组名[整型表达式]"。

② 对数组元素的操作相当于对同类型变量的操作。

③ 对数组元素的依次赋值或遍历常通过循环结构来实现。

▶ 6.1.3   一维数组应用

当要处理同一种类型的多个数据时,首先就要想到利用数组,而不是去定义多个同一类型的变量。利用数组求解问题的一般步骤如下:

(1) 定义数组,根据所要处理的数据的类型和多少,定义合适的数组,编译系统会根据定义分配适当的内存空间;

(2) 输入数组,根据问题用一种合适的输入方式使数组中的每个元素具有所需要的值;

(3) 处理数组:对已经具有数值的数组按照任务的要求进行处理;

(4) 输出数组:以上对数组的处理都是在内存中进行的,必须以适当的形式输出。

在实际问题中,对数组处理的本身就隐含在对数组各元素的确定上,因此步骤(2)、步骤(3)有时会结合进行。

【例 6.2】 数组倒置。

【问题描述】 假设有一个学生成绩数组,其中按成绩由高到低存储了若干学生的成绩,现需设计一个程序将数组倒置,即按由低到高的顺序存储学生成绩,如把 91,82,73,64,55 变为 55,64,73,82,91。

【问题分析】 注意倒置和逆序输出是不一样的问题。设数组 a 有 n 个元素,为实现倒置,只要把数组前后对应的元素逐个地进行交换即可,如图 6.2 所示。

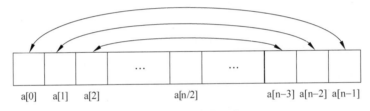

图 6.2   数组元素交换

如果 n 为偶数,则要进行 n/2 对元素的交换;如果 n 为奇数,处于中间位置的元素 $a[(n-1)/2]$ 不需和任何元素交换,此时需进行 $(n-1)/2$ 对元素的交换。但不管 n 是奇数还是偶数,都要进行 n/2 对元素的交换。定义两个整型变量 i 和 j,分别作为数组前部元素和后部元素的下标,i 初值为 0,j 初值为 n-1,它们随着操作的进行不断向中间收缩,直至进行完交换。

【参考代码】

```c
#define N 10
#include <stdio.h>
int main()
{
    int i,j,t,a[N];
    printf("Input 10 scores:\n");
    for(i=0;i<=N-1;i++)
        scanf("%d",&a[i]);
    printf("Output scores before inverse:\n");
    for(i=0;i<=N-1;i++)
        printf("%5d",a[i]);
    printf("\n");
    for(i=0,j=N-1;i<N/2;i++,j--)
    {
        t=a[i];
        a[i]=a[j];
        a[j]=t;
```

```
        }
        printf("Output scores after inverse:\n");
        for(i = 0;i <= N - 1;i++ )
            printf(" % 5d",a[i]);
        printf("\n");
        return 0;
}
```

【代码分析】　由于数组中元素是同类型的,对各元素的处理是相似的,因此处理数组使用循环语句来实现,尤其是对于 for 循环来说,其循环控制变量就是数组的下标,可以根据数组下标的范围来确定循环控制变量的初值和终值。此段代码中使用了四次 for 循环。第一次输入数组元素;第二次输出交换前数组中数据;第三次进行数组中元素交换;第四次输出交换后数组元素。

【拓展思考】　局部数组倒置:给定一个整型数组和两个整数 start 和 end,要求将数组中从下标 start 到下标 end 之间的元素进行倒置(即将 start 处的元素和 end 处的元素交换,start+1处的元素和 end−1 处的元素交换,依次类推),其余部分保持不变。例如,对于数组{1,2,3,4,5},若 start=1,end=3,则倒置后的数组为{1,4,3,2,5}。

【例 6.3】　物品数量统计。

【问题描述】　假如仓库中有 10 种库存物品,设计程序输入这 10 种物品的数量,显示物品的平均数量和低于平均数量的物品数量。

【问题分析】　可以通过每输入一个商品数量就把它累加到总数量中的办法求物品数量总和,进而求出平均数量。要显示低于平均数量的物品数量,必须把 10 种物品数量都保留下来,采用数组存放,然后逐个和平均数量比较。

【参考代码】

```c
# include < stdio. h>
# define N 10
int main()
{
    double a[N],total = 0,average;
    int i;
    //输入每种物品数量并计算数量总和
    for(i = 0;i < N;i++ )
    {
        printf("输入第 % d种物品数量",i + 1);
        scanf(" % lf",&a[i]);
        total = total + a[i];
    }
    //求平均数量
    average = total/N;
    printf("平均数量是 % .2f\n",average);
    //输出低于平均数量的物品数量
    for(i = 0;i < N;i++ )
        if(a[i]< average)
            printf("a[ % d] =% .2f <% .2f\n",i,a[i],average);
    return 0;
}
```

【代码分析】　这段代码中,数组元素的输入和求和操作放在一个 for 循环中,这是因为对数组处理的本身就隐含在对数组各元素的确定上。

【拓展思考】　(1)如果不用数组,怎样完成此例的要求,请比较两种方法设计程序的难易度。

（2）设计一个程序来输入学生的分数，并显示他们的平均分和低于平均分的学生数量。

【例 6.4】 Fibonacci 数列。

【问题描述】 斐波那契（Fibonacci）数列满足以下关系：$f(1)=1,f(2)=1$，当 $n>2$ 时，$f(n)=f(n-2)+f(n-1)$。输出 Fibonacci 数列前 20 项，每 10 个数一行。

【问题分析】 定义一个数组存放数列的前 20 个数，已知数列中前两个数，可以在定义数组时给前两个元素赋初值，其他元素由前两个元素逐步递推得到，最后输出数列。

【参考代码】

```
# include < stdio.h >
int main()
{
    int i;
    int f[20] = {1,1};
    for(i = 2;i < 20;i++ )
      f[i] = f[i - 2] + f[i - 1];
    for(i = 0;i < 20;i++ )
    {
      printf(" % 6d",f[i]);
      if((i + 1) % 10 = = 0)
        printf("\n");
    }
    return 0;
}
```

【拓展思考】 请用递归函数的方法完成此例。

【例 6.5】 冒泡排序法。

【问题描述】 为了更好地了解学生的学习情况，设计程序帮助老师将学生成绩按照从低到高进行排序。要求从键盘输入学生人数 $n(1<n\le10)$，再输入 n 个成绩，用冒泡排序法从小到大排序后将其输出。

【问题分析】 冒泡排序法是一种简单直观的排序算法，它将相邻的两个元素进行比较，把较小的元素调到前面（升序）。若数组中有 n 个元素，那么用冒泡排序法最多进行 $n-1$ 趟比较。每一趟都是从第一个元素开始，相邻的元素进行比较，在比较过程中如果发现元素逆序，也就是 $a_i>a_{i+1}$，就把它们交换，这样当第一趟比较之后，最大的元素就被放到了最后。然后进行第二趟的排序，过程如上，只是排序的元素个数减少了 1，…这样反复进行，直到最后数组中只余下两个元素进行比较处理。冒泡排序法的 N-S 图如图 6.3 所示。以数组中有 6 个元素分别是 8,7,9,1,4,2 为例来看一下冒泡排序法的过程，如图 6.4 所示。其中下画线表示作比较的元素，双向圆弧表示交换，加粗数字表示排好序的数据。

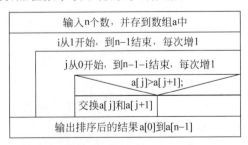

图 6.3 冒泡排序法的 N-S 图

	第一趟:						第二趟:					第三趟:				第四趟:				第五趟:		
a[0]	8	7	7	7	7	7	7	7	7	7	7	7	1	1	1	1	1	1	1	1	1	1	1
a[1]	7	8	8	8	8	8	7	8	1	1	1	1	7	4	4	4	4	2	2	2	2	2	2
a[2]	9	9	9	1	1	1	8	1	8	4	4	4	2	7	2	2	2	4	4	4	4	4	4
a[3]	1	1	1	9	9	4	4	4	4	8	2	2	2	7	7	7	7	7	7	7	7	7	7
a[4]	4	4	4	4	9	2	2	2	2	2	8	8	8	8	8	8	8	8	8	8	8	8	8
a[5]	2	2	2	2	2	9	9	9	9	9	9	9	9	9	9	9	9	9	9	9	9	9	9

图 6.4　冒泡排序法过程示例

【素质拓展】 逆向思维

在一趟自上而下的比较与移动过程中找到了最大值元素,重复多趟比较与移动解决了数据排序的问题。接着提出问题:"可不可以在比较与移动过程中找到最小值元素? 可以的话,要怎么去做?"

【参考代码】

```c
#include <stdio.h>
int main()
{
    int a[10];
    int i,j,t,n;
    printf("Input n:");
    scanf("%d",&n);
    //从键盘输入 n 个整数
    printf("Input %d numbers:",n);
    for(i=0;i<n;i++)
      scanf("%d",&a[i]);
    //用冒泡排序法开始排序
    for(i=1;i<n;i++)
      for(j=0;j<n-i;j++)
        if(a[j]>a[j+1])
        {
            t=a[j];
            a[j]=a[j+1];
            a[j+1]=t;
        }
    //输出排序后的结果
    printf("The sorted numbers:");
    for(i=0;i<n;i++)
      printf("%d",a[i]);
    printf("\n");
    return 0;
}
```

【代码分析】 程序中的冒泡排序法采用了双重 for 循环,外循环控制了排序的趟数,n 个元素需要进行 n-1 趟冒泡排序过程,内循环控制了每趟排序都从下标为 0 的元素开始进行比较,直至最后一个待排数据,并确定出其中值最大的一个元素,同时将其放在了每趟待排数据的最后一个位置。

【拓展思考】 当待排数据本身有序时,例 6.5 中排序过程的外循环中的代码 i<n 仍成立,就需要对待排数据进行比较,直到进行了 n-1 趟排序。思考如何优化冒泡排序法以提高执行效率。

▶ 6.1.4　一维数组作函数参数

除了基本类型可作函数参数,数组也可以作为参数使用。数组作参数时,实参和形参的关系也须做到个数、类型、次序相一致。数组作函数参数有两种形式:一种是把数组元素作为实参使用；另一种是把数组名作为函数的形参和实参使用。

1. 数组元素作实参

数组元素是一个普通变量，因此把数组元素作为函数实参与普通变量作为函数实参是完全相同的，此时函数形参为变量。这种实参形参之间的单向传递就是值传递。

【例6.6】 一维数组元素作为函数参数示例。

【问题描述】 分析以下交换两个整数值的代码。

【参考代码】

```c
# include < stdio.h>
void swap (int x, int y)
{   int z;
    z = x; x = y; y = z;
    printf("%d, %d\n",x,y);
}
int main()
{   int a[2] = {3,7};
    swap(a[0],a[1]);
    printf("a[0]=%d\na[1]=%d\n",a[0],a[1]);
    return 0;
}
```

【代码分析】 程序中包含一个 swap() 函数，该函数接收两个整数作为参数，并将它们的值交换。在 main() 函数中，定义一个整型数组 a，并以 a 数组中的元素作为实参调用 swap() 函数进行值的交换，这种交换是在 swap() 函数内部进行的，不会影响到函数外部的实际参数，这是按值传递，因此，swap 函数输出的是交换后的 7,3，而 main() 函数则输出数组元素的原值 3,7。

【拓展思考】 如何实现数组中两元素值的真正交换。

2. 数组名作函数参数

用数组名作函数实参时，函数形参应当使用数组名或指针变量。数组名代表的是数组首元素的地址，用数组名作实参，实际上传递的是数组的起始地址，那么函数形参可借助数组的起始地址实现对数组元素的读写，从而实现主调函数和被调函数操作同一个数组的效果。这种传递数据的方式称为地址传递。

【例6.7】 一维数组名作函数参数示例。

【问题描述】 交换两个整数的值并输出。

【参考代码】

```c
# include < stdio.h>
void swap(int x[ ])
{   int z;
    z = x[0]; x[0] = x[1]; x[1] = z;
    printf("%d, %d\n",x[0],x[1]);
}
int main()
{   int a[2] = {3,7};
    swap(a);
    printf("a[0]=%d\na[1]=%d\n",a[0],a[1]);
    return 0;
}
```

【代码分析】 这段代码中的 swap() 函数接收一个整型数组作参数，main() 函数中定义了一个整型数组 a，并初始化为{3,7}，调用 swap() 函数时将数组 a 作实参进行数据传递，这属于地址传递，即实参和形参使用同样的内存空间，因此在 swap() 函数内部就是对数组 a 中的第一个、第二个元素进行交换，这就得到了 swap() 函数的输出为 7，3，main() 函数的输出也为 7，3。程序设计中往往利用数组名可以作函数参数进行地址传递的特点来改变数组。

【例 6.8】 二分法查找。

【问题描述】 给定一个有序数组和一个目标值，请实现一个函数，用于在该数组中查找目标值的位置。如果目标值在数组中，则返回其位置，否则，返回−1。

【问题分析】 二分法是针对已经排好序的数组进行的查找操作。它的基本思想是首先把数组中间元素和目标值进行比较，如果一致，则查找结束；如果不一致，则根据大小关系，决定下一步在哪个下标范围继续进行查找操作，如果所求元素小，则说明应该在数组的前半部分查找，否则应该在数组的后半部分查找，这样的操作把查找范围缩小了一半。接着在较小范围内再按同样方法继续进行查找，很快可以得到结果。

【参考代码】

```c
#include <stdio.h>
int binarySearch(int arr[ ], int n, int target) {
    int left = 0;
    int right = n − 1;
    while (left <= right) {
        int mid = left + (right − left) / 2;
        //如果目标值等于中间元素，则返回中间元素的下标
        if (arr[mid] == target) {
            return mid;
        }
        //如果目标值小于中间元素，则在左半部分继续查找
        if (arr[mid] > target) {
            right = mid − 1;
        }
        //如果目标值大于中间元素，则在右半部分继续查找
        else {
            left = mid + 1;
        }
    }
    //目标值不存在于数组中，返回 −1
    return −1;
}
int main() {
    int arr[ ] = {1, 3, 5, 7, 9};
    int n = sizeof(arr) / sizeof(arr[0]);
    int target = 5;
    int index = binarySearch(arr, n, target);
    if (index != −1) {
        printf("目标值 %d 存在于数组中，下标为 %d。\n", target, index);
    } else {
        printf("目标值 %d 不存在于数组中。\n", target);
    }
    return 0;
}
```

【代码分析】 这段代码中，binarySearch() 函数用于实现二分法查找。在 main() 函数中，定义了一个有序数组 arr，然后调用 binarySearch() 函数查找目标值 target 在数组中的下标。最后根据返回值输出结果。这里，为避免形参数组和实参数组大小不一致带来的问题，在定义形参数组时可以不指定大小，而把实参数组的大小再用一个参数表示出来，例如，binarySearch() 函数中的第二个形参 n 就是数组的大小。另外，主函数中定义的数组 arr 没有指定长度，但在

程序中需要用到其长度，所以采用整个数组占据的空间大小 sizeof(arr)/一个数组元素占据的空间大小 sizeof(arr[0])获得。

【拓展思考】（1）给定一个按升序排序的整型数组和一个目标值，如果在数组中找到目标值，则返回其下标。如果没有找到目标值，则将目标值插入数组中，使得数组仍然保持有序。假设数组中无重复元素。

（2）用递归函数实现二分查找算法。

视频讲解

6.2 二维数组

C 语言支持多维数组，本节介绍二维数组，二维数组主要应用在二维表的表示、矩阵和图像数据表示中。

▶ 6.2.1 二维数组定义与初始化

1. 二维数组定义

二维数组定义的一般形式如下：

类型说明符 数组名[常量表达式1][常量表达式2];

这里，[]是下标运算符，其中各个常量表达式的值只能是正整数，常量表达式 1 表示行数，常量表达式 2 表示列数。注意，行数、列数需要分别用一个方括号括起来。例如：

int a[3][4];

定义了数组变量 a，有三行四列共 12 个整型元素。同一维数组一样，二维数组元素在内存中也是占据连续的存储空间，且按行存放数据元素，下一行紧跟在上一行的尾部，a[3][4]中数据元素的存放如图 6.5 所示。

| a[0][0] | a[0][1] | a[0][2] | a[0][3] | a[1][0] | a[1][1] | a[1][2] | a[1][3] | a[2][0] | a[2][1] | a[2][2] | a[2][3] |

a[0] a[1] a[2]

图 6.5 二维数组 a[3][4]中元素的存放

在图 6.5 中，数组 a 可以看作有 3 个"元素"的一维数组，这 3 个元素分别是 a[0]、a[1]、a[2]，而每个元素又是一个有 4 个整型元素的一维数组。也就是说，a[0]、a[1]、a[2]是一维整型数组的数组名，数组名代表着一维整型数组的首地址，而不是可以直接进行输入输出操作的真实意义上的元素。二维数组名 a 代表着二维数组首元素的地址 &a[0][0]。

2. 二维数组初始化

二维数组也可以在定义时对各元素赋初值，主要有以下两种情况。

（1）将所有数据写在一个大括号内，按行赋值。

例如，int a[3][4]={1,2,3,4,5,6,7,8,9,10,11,12};元素间采用逗号作为分隔符。根据二维数组元素在内存中的存放顺序——按行赋值，把大括号"{"和"}"之间的数据依次赋值给各元素。此时 a 数组中 3 行 4 列元素分别为第 1 行：1,2,3,4；第 2 行：5,6,7,8；第 3 行：9,10,11,12。

对二维数组初始化时，也可对部分数组元素赋初值。如 int a[3][4]={1,2,3,4,5,6,7,8};这时会按照按行存放的顺序对二维数组 a 的前两行 8 个数组元素赋初值，第 3 行 4 个数组元素没赋初值,此时系统会自动全部赋值为 0。

(2) 将二维数组中每一行又用大括号对括起来,用逗号分隔,分行赋值。

例如,int a[3][4]={{1,2,3,4},{5,6,7,8},{9,10,11,12}};等价于 int a[3][4]={1,2,3,4,5,6,7,8,9,10,11,12};

分行赋值也可对部分数组元素初始化,此时没赋初值的数组元素系统会自动赋值为 0。如 int a[3][4]={{1},{4},{7}};等价于 int a[3][4]={{1,0,0,0},{4,0,0,0},{7,0,0,0}}。如果只对 a[0][1]、a[2][2]赋初值,则应写成如下形式:int a[3][4]={{0,1},{0},{0,0,7}}。

注意,二维数组初始化时,行数可以省略,列数不能省略。系统会推算出行数,但建议行数也不要省略。

> Tips
> ① 二维数组定义的一般形式为"类型说明符 数组名[常量表达式 1][常量表达式 2];"。
> ② 二维数组元素在内存中占据连续的存储空间,且按行存放。
> ③ 二维数组定义时初始化,可将所有数据写在一个大括号内,也可将每一行又用大括号对括起来并将所有行放在一个大括号中。

▶ 6.2.2 二维数组元素的引用

引用二维数组的元素要指明两个下标,即行下标和列下标,一般形式如下。

数组名[行下标][列下标]

行下标取值范围是从 0 开始,到总行数-1;列下标取值范围是从 0 开始,到总列数-1,引用时注意下标不要越界。例如,int a[2][3];定义的二维整型数组 a[2][3],有 2 个行下标 0 和 1,3 个列下标 0、1 和 2,可以表示 1 个 2 行 3 列的矩阵,如图 6.6 所示。

$$\begin{pmatrix} a[0][0] & a[0][1] & a[0][2] \\ \\ a[1][0] & a[1][1] & a[1][2] \end{pmatrix}$$

图 6.6 二维数组 a[2][3]表示的矩阵

具有两个下标的二维数组元素相当于一个普通变量,可以作为赋值表达式的左值使用。如,a[1][2]=a[0][2]*2。

引用二维数组的全部数组元素,即遍历二维数组,通常应使用两层嵌套的 for 循环:外层对行进行循环,内层对列进行循环。该语句的一般格式如下。

```
for(i=0;i<=行数-1;i++)
  for(j=0;j<=列数-1;j++)
    {…a[i][j]…}
```

> Tips
> ① 二维数组元素的引用需要明确行下标和列下标:数组名[行下标][列下标];。
> ② 具有 2 个下标的二维数组元素相当于一个普通变量。
> ③ 通常使用两层嵌套的 for 循环来遍历二维数组:外层对行进行循环,内层对列进行循环。

▶ 6.2.3　二维数组应用

在进行数值运算中二维数组特别有用，因此二维数组多用于矩阵或方阵的计算。

【例6.9】　最小值查找。

【问题描述】　输入一个 $2×3$ 矩阵的各元素，要求编程输出该矩阵，并求出其中最小元素值以及最小元素值所在的行号和列号。

【问题分析】　首先把第一个元素 a[0][0] 当成最小值 min，用二维数组元素 a[i][j] 逐个与 min 比较，若 a[i][j] 比 min 小，则替换 min，并记录行下标 row、列下标 column。用 N-S 图表示的查找算法如图6.7所示。

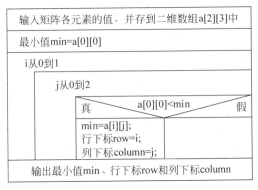

图6.7　用 N-S 图表示的查找算法

【参考代码】

```c
#include <stdio.h>
int main()
{
    int a[2][3];
    int i,j,min,row=0,column=0;
    //将输入的数据存入二维数组
    printf("Enter 6 integers:\n");
    for(i=0;i<2;i++)
      for(j=0;j<3;j++)
        scanf("%d",&a[i][j]);
    //按矩阵的形式输出二维数组
    for(i=0;i<2;i++)
      for(j=0;j<3;j++)
        printf("%4d",a[i][j]);
      printf("\n");
    //遍历二维数组,找出最小值a[row][column]
    min=a[0][0];
    for(i=0;i<2;i++)
      for(j=0;j<3;j++)
        if(a[i][j]<min)
          {
          min=a[i][j];
          row=i;
          column=j;
          }
    printf("min=%d,row=%d,column=%d\n",min,row,column);
    return 0;
}
```

【代码分析】　对二维数组的操作，都是使用双重 for 循环来实现的。此段代码中二维数组的输入、输出、查找最小值的操作都使用了双重 for 循环来实现。

【拓展思考】　求给定二维数组中最大元素值及其行列号。

【例 6.10】　图形输出。

【问题描述】　输出以下三角形：

```
1
6    7
11   12   13
16   17   18   19
21   22   23   24   25
```

【问题分析】　可以把这个三角形作为 5×5 的二维数组来处理。用数组解决问题，一般都有两个步骤：首先根据数组中元素的构成规律确定数组中各个元素的值；然后再以适当的形式输出这个数组。本题中数组元素的值与其所在的行(i)和列(j)的关系如下：

```
b[i][j] = i × 每行元素的个数 M + j + 1
```

输出时按照题目要求只需输出此二维数组的主对角线前面的部分。

【参考代码】

```c
# include < stdio.h >
#define M 5
int main()
{
    int b[M][M],i,j;
    for(i = 0;i < M;i++ )
      for(j = 0;j < M;j++ )
        b[i][j] = i * M + j + 1;
    for(i = 0;i < M;i++ )
    {
      for(j = 0;j <= i;j++ )
        printf(" %4d",b[i][j]);
      printf("\n");
    }
    return 0;
}
```

【拓展思考】　输出以下三角形：

```
0   2   4   6   8
    1   3   5   7
        2   4   6
            3   5
                4
```

提示：第 i 行第 j 列的元素值 = 2×j−i。

【例 6.11】　矩阵相乘。

【问题描述】　求两个矩阵的乘积。

【问题分析】　根据线性代数的知识可知，相乘的两个矩阵应有一定的关系：第一个矩阵的列数和第二个矩阵的行数应相等，结果矩阵的行数就是第一个矩阵的行数，结果矩阵的列数就是第二个矩阵的列数。定义三个矩阵时应考虑到它们的行数与列数的关系。图 6.8 给出了两个矩阵(分别是 3×4 和 4×2 的矩阵)相乘的示意。其中 $c_{ij} = a_{i0} \times b_{0j} + a_{i1} \times b_{1j} + a_{i2} \times b_{2j} + a_{i3} \times b_{3j}$。

a_{00}	a_{01}	a_{02}	a_{03}
a_{10}	a_{11}	a_{12}	a_{13}
a_{20}	a_{21}	a_{22}	a_{23}

×

b_{00}	b_{01}
b_{10}	b_{11}
b_{20}	b_{21}
b_{30}	b_{31}

=

c_{00}	c_{01}
c_{10}	c_{11}
c_{20}	c_{21}

图 6.8　两个矩阵相乘的示意

【素质拓展】 团结合作

矩阵相乘是将两个存储数据的二维数组相乘得到的，乘积结果中的数据由相乘的两个二维数组中的行和列组合而成，每个二维数组元素的值对结果矩阵都会有影响，这有助于学生理解团结合作的重要性，学生需要通过团结合作实现共同目标。

【参考代码】

```
#include <stdio.h>
int main()
{
    int i,j,k,m,n,l;
    float a[3][4],b[4][2],c[3][2],p;
    printf("输入 a 中元素: \n");
    for(i = 0;i <= 2;i++ )
      for(j = 0;j <= 3;j++ )
        scanf("%f",&a[i][j]);
    printf("输出 a 中元素: \n");
    for(i = 0;i <= 2;i++ )
    {
      for(j = 0;j <= 3;j++ )
        printf("%6.1f",a[i][j]);
      printf("\n");
    }
    printf("输入 b 中元素: \n");
    for(i = 0;i <= 3;i++ )
      for(j = 0;j <= 1;j++ )
        scanf("%f",&b[i][j]);
    printf("输出 b 中元素: \n");
    for(i = 0;i <= 3;i++ )
    {
      for(j = 0;j <= 1;j++ )
        printf("%6.1f",b[i][j]);
      printf("\n");
    }
    //矩阵相乘
    for(i = 0;i <= 2;i++ )
      for(j = 0;j <= 1;j++ )
      {
        p = 0.0;
        for(k = 0;k <= 3;k++ )
          p += a[i][k] * b[k][j];
        c[i][j] = p;
      }
    //输出结果矩阵
    printf("输出结果矩阵中元素: \n");
    for(i = 0;i <= 2;i++ )
    {
      for(j = 0;j <= 1;j++ )
        printf("%6.1f",c[i][j]);
```

```
            printf("\n");
        }
        return 0;
    }
```

【代码分析】　在计算矩阵相乘时,用一个中间变量 p 来累加相乘的中间结果(p+=
a[i][k] * b[k][j]),最后再把 p 的值赋给数组 c[i][j],这是因为如果在内层运算的每一步都
访问数组元素 c[i][j],需要付出很大的开销,而访问一般变量要比访问数组元素省时省力。

【例 6.12】　二维数组作为函数参数的示例。

【问题描述】　输入学生数和功课门数,采用二维数组按行存储每个学生的成绩。根据学
生成绩表,统计出所有课中全班的最高分、最低分。

【问题分析】　学生成绩表用二维数组表示,每个学生的成绩用一行表示,分别用函数完成
求最高分、最低分及打印成绩等功能。

【参考代码】

```c
#include < stdio.h>
#define S 250
#define E 25
int max = 0;
int minmax(int score[ ][E],int num, int fens)
{
    int i,j,minn = 100;
    for(i = 0;i <= num - 1;i++ )
      for(j = 0;j <= fens - 1;j++ )
      {
          if(score[i][j]< minn)
            minn = score[i][j];
          if(score[i][j]> max)
            max = score[i][j];
      }
    return minn;
}
void prints(int sd[ ][E],int num,int sco)
{
    int i,j;
    for(i = 0;i <= num - 1;i++ )
    {
        printf("\n student[ % d]:",i);
        for(j = 0;j <= sco - 1;j++ )
          printf(" % - 5d",sd[i][j]);
    }
    printf("\n");
}
int main()
{
    int i,j,stud[S][E],m,n,min;
    puts("输入几个学生和几个分数: \n");
    scanf(" % d % d",&m,&n);
    puts("输入学生的分数: \n");
    for(i = 0;i < m;i++ )
      for(j = 0;j < n;j++ )
        scanf(" % d",&stud[i][j]);
    prints(stud,m,n);
    min = minmax(stud,m,n);
    printf("Max = % d, Min = % d\n",max,min);
    return 0;
}
```

【代码分析】 minmax()函数用来求成绩表中的最小值和最大值,一个函数用 return 语句只能返回一个值,因此定义全局变量 max 来增加主调函数和被调函数之间数据传输的渠道。函数 minmax()和函数 prints()均有三个参数,第一个参数是二维数组,其中第一维可以省略下标,但第二维不能省略下标,且第二维的下标要与实参的二维数组的列数相同;第二个参数和第三个参数分别是二维数组的行数和列数。minmax()和 prints()这两个函数对数组 stud 进行了传值调用,即对数组 stud 中的元素进行了读取。

【拓展思考】 输入学生数和功课门数,采用二维数组按行存储每个学生的成绩。根据学生成绩表,统计出所有课的全班平均分。

6.3 字符数组和字符串

元素类型为字符型的数组是字符数组。字符数组与其他数组有共性,但也有特性,即有独特的运算函数和处理方法,这里单独对其介绍。

▶ 6.3.1 字符数组的定义和初始化

1. 定义

一维字符数组定义的一般形式如下:

```
char 数组名[常量表达式];
```

例如,语句 char str[10];定义了一个字符型数组,数组名是 str,含有 10 个字符型元素。
二维字符数组定义的一般形式如下:

```
char 数组名[常量表达式][常量表达式];
```

例如,语句 char str2[10][10];定义了一个字符型数组,数组名是 str2,含有 10 个长度为 10 的字符数组(或字符串)。

2. 引用

一维字符数组元素引用的一般形式如下:

```
数组名[下标]
```

其中下标的取值范围是从 0 到数组长度 -1。如上面定义的数组 str 的下标的取值范围是 $0 \sim 9$,可以引用的元素是 str[0],str[1],…,str[9]。

二维字符数组的引用,以 char str2[10][10];为例介绍引用其中元素的方式。

(1) 引用整个字符串数组:str2[i] 表示第 i 个字符串,其中 $0 \leqslant i < 10$。这个表达式的类型是一个字符数组(或称为字符串),可以用于表示整个字符串。

(2) 引用字符串中的某个字符:str2[i][j] 表示第 i 个字符串中的第 j 个字符,其中 $0 \leqslant i < 10$ 且 $0 \leqslant j < 10$。

3. 初始化

同整型数组一样,字符数组也可以在定义的同时进行初始化。例如:

```
char s[6] = {'H','a','p','p','y'};
char str2[3][10] = { "Hello", "World", "C" };
```

对数组中部分元素初始化时,对未初始化的元素系统自动赋 0 值,即'\0'的 ASCII 值,表示空字符或空操作。所以上述 s[6]初始化语句等价于:

```
char s[6] = {'H','a','p','p','y',0};
```

或等价于：

```
char s[6] = {'H','a','p','p','y','\0'};
```

同整型数组一样，若对数组中的全部元素初始化，可以不指定数组长度。例如：

```
char c1[ ] = {'H','e','l','l','o'},c2[ ] = "Hello";
```

这里，数组 c1 采用逐个字符进行赋值的方式，数组 c2 采用字符串的形式赋值，所以数组 c1 的长度为 5，数组 c2 的长度为 6，因为字符串包含一个看不见的 '\0' 作为结束标志。

> Tips
> ① 定义：一维——char 数组名[常量表达式]；二维——char 数组名[常量表达式] [常量表达式]；。
> ② 引用：一维——数组名[下标]；二维——数组名[行小标]，或数组名[行下标][列下标]。
> ③ 初始化：对数组中部分元素初始化时，对未初始化的元素系统自动赋 0 值。

【例 6.13】 字符数组示例。

【问题描述】 从键盘输入一行字符，以换行符结束，然后反向输出。

【参考代码】

```c
#include <stdio.h>
#define M 80
int main()
{
    int i,n;
    char s[M];
    for(i = 0;i <= M-1;i++ )
    {
        s[i] = getchar();
        if(s[i] == '\n')
            break;
    }
    for(n = i-1;n >= 0;n-- )
        putchar(s[n]);
    return 0;
}
```

【代码分析】 该程序从第一个 for 循环出来之后，变量 i 的值是小于变量 M 的一个整数，且 s[i]等于'\n'，不可输出显示，因此在进行反向输出时变量 n 值从 i−1 开始。

【拓展思考】 从键盘输入一行字符，以回车符结束，然后正向输出。

▶ 6.3.2 字符数组的输入输出

字符数组除了使用初始化赋值输入的方式，还可使用格式控制输入、函数输入等方式，这些输入方式也有与之对应的输出方式。

1. 格式控制输入输出

（1）利用 scanf()函数输入整个字符串时采用%s 格式控制符，输入时，遇到空格或回车结束，并在存储空间最后自动增加一个字符串结束标志'\0'。例如：

```c
char str[80];
scanf(" %s",str);
```

此时输入：

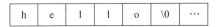

hello world↙

由于 scanf()函数接收数据时遇到空格或回车符结束,因此字符数组 str 中的内容如图 6.9 所示。数组名表示数组的首地址,所以采用 scanf()函数输入时,数组名 str 前面不必加 &。

h	e	l	l	o	\0	…

图 6.9　字符数组 str 中的内容(scanf()函数示例)

（2）利用 printf()函数输出整个字符串时也采用%s 格式控制符,把字符数组作为 printf()函数的参数输出,例如,printf("%s",str);将数组 str 中的内容送到屏幕上。如果字符数组含有多个空字符'\0',则只把第一个'\0'前的部分输出,其后的字符忽略,且输出后不换行。

2. 使用字符串函数输入输出

单个字符的输入输出可以利用第 2 章介绍的 getchar()、putchar()函数来实现。这里要介绍的是以字符串为单位的输入输出函数,要使用它们都得加上头文件 stdio.h。

（1）gets()函数从键盘输入一个字符串给字符数组,遇到回车符结束输入,并在输入部分最后自动将回车符转成字符串结束标志'\0',其使用形式如下。

gets(字符数组名)

与 scanf()函数的%s 格式相比,gets()函数可以在输入的字符串中包含空格。例如,char str[80];gets(str);键盘输入 Hello World!,则数组 str 中的内容如图 6.10 所示。

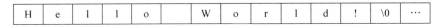

H	e	l	l	o		W	o	r	l	d	!	\0	…

图 6.10　数组 str 中的内容(gets 示例)

（2）puts()函数将字符数组中'\0'前的内容送到标准输出设备,遇到'\0'作回车处理,其使用形式如下。

puts(字符数组名)

【例 6.14】　字符数组输入输出示例。

【问题描述】　分别使用 scanf()函数和 gets()函数输入一个字符串,然后分别用 printf()函数和 puts()函数将它们输出。

【参考代码】

```c
#include <stdio.h>
#define MAX_LENGTH 100
int main() {
    char str1[MAX_LENGTH];
    char str2[MAX_LENGTH];
    printf("Enter string 1: ");
    scanf("%s", str1);                //使用 scanf()函数读取字符串
    getchar();
    printf("Enter string 2: ");
    gets(str2);                       //使用 gets()函数读取字符串
    printf("String 1: %s\n", str1);
    printf("String 2:");
    puts(str2);
    return 0;
}
```

【代码分析】　程序中当有两个输入字符串的语句相连时,必须考虑它们之间的相互影响,

若先用 scanf() 函数,后用 gets() 函数,则在它们之间必须加调用 getchar() 函数,接收 scanf() 函数输入时留下来的回车符,否则后面的 gets() 函数则只能读取一个回车符而其他的无法读取输入。相反,如果把 gets() 函数放在前面,中间就不需再加 getchar() 函数。这是因为 scanf() 函数是把空格或回车符前的内容放入字符数组,然后自动地在后面加上一个'\0'字符,而原来的空格或回车符仍在缓冲区中,可作为后面读语句的内容;gets() 函数则会将回车符变为'\0'读入字符数组中,而不是留在缓冲区中。

> Tips
> ① scanf() 函数、printf() 函数的%s 格式控制符可用来进行字符数组的输入输出。
> ② gets()、puts() 函数可实现字符数组的输入输出。
> ③ scanf() 函数遇到空格或回车结束输入,存储时自动增加'\0',空格或回车仍留在缓冲区;gets() 函数遇到回车结束输入,并将回车转换为'\0'存储。

▶ 6.3.3　常用的字符串函数

字符串是用双引号括起来的一串字符,以空字符'\0'结束。字符串可以用字符数组定义,数组名就代表一个字符串。针对字符串,C 语言提供了一套系统函数,放在< string.h >或< stdlib.h >或< ctype.h >中,使用时要将相应的头文件包含进来。

1. 字符串连接函数 strcat

字符串连接函数使用形式如下:

```
strcat(str1,str2)
```

其中 str1 和 str2 都是字符数组名,strcat() 函数将字符串 str2 拼接在字符串 str1 后面,且覆盖掉字符串 str1 的'\0',只保留字符串 str2 的'\0'字符。例如:

```
char str1[20] = "Hello ";
char str2[ ] = "World!";
printf("%s",strcat(str1,str2));
```

输出为 Hello World!。这里,字符串 str1 和字符串 str2 都是定义的同时进行初始化,但字符串 str1 必须指定长度,且要足够长,以便容纳字符串 str2 中的字符。

2. 字符串拷贝函数 strcpy

字符串拷贝函数使用形式如下:

```
strcpy(str1,str2)
```

其中 str1 必须是足够长的字符数组名,str2 可以是字符数组名,也可以是字符串常量,该函数将字符串 str2 中内容拷贝到字符串 str1 中,字符串 str1 中原来内容会被覆盖掉。例如:

```
char str1[20] = "Hello ";
strcpy(str1, "World!");
puts(str1);
```

输出为 World!。注意:字符串赋值运算要求使用字符串拷贝函数,不要使用赋值号进行赋值。如 char str1[20],str2 = "Hello ";str1 = str2;这是错误的。

3. 字符串比较函数 strcmp

字符串比较函数使用形式如下:

```
strcmp(str1,str2)
```

其中 str1 和 str2 可以是字符数组名，也可以是字符串常量。该函数功能是对两个字符串逐字符按字典序或按其 ASCII 值进行比较，返回一个整数值：若字符串 str1 等于字符串 str2，返回 0；若字符串 str1 大于字符串 str2，返回正值；若字符串 str1 小于字符串 str2，返回负值。例如：

```
char str1[20] = "Hello";
char str2[20] = "HELLO";
if(strcmp(str1,str2) = = 0) printf("Yes"); else printf("No");
```

输出为 No，采用 strcmp()函数逐个字符进行比较，比较到 e 和 E 时，就可以得到字符串 str1 大于字符串 str2，返回正值，输出 No。

4. 求字符串长度的函数 strlen

求字符串长度的函数使用形式如下：

```
strlen(str)
```

其中 str 是字符数组名或字符串常量，该函数返回字符串中包含的字符个数，但不包括作为字符串结尾的'\0'字符。例如：

```
printf(" % d",strlen("Hello"));
```

输出为 5，而不是 6。

5. 其他字符处理函数

使用以上字符处理函数需要把头文件< string. h >包含进来，除此之外，还有些字符处理函数包含在< stdlib. h >或< ctype. h >中，具体函数介绍如表 6.1 所示。

表 6.1　常用字符处理函数

头　文　件	函　数　名	功　　　能
< stdlib. h >	atoi(str)	把字符串 str 转换成整型数，返回值是 int 类型
	atof(str)	把字符串 str 转换成浮点数，返回值为 double 类型
< ctype. h >	isdigit(c)	如 c 是十进制数字 0～9 则返回 1，否则返回 0
	isalpha(c)	如 c 是字母则返回 1，否则返回 0
	isalnum(c)	如 c 是数字或字母则返回 1，否则返回 0
	islower(c)	如 c 是小写字母则返回 1，否则返回 0
	isupper(c)	如 c 是大写字母则返回 1，否则返回 0
	tolower(c)	如 c 是大写字母，则返回其小写字母
	toupper(c)	如 c 是小写字母，则返回其大写字母
	isspace(c)	如 c 是空白字符则返回 1，否则返回 0(空白字符包括：换行符"\n"，空格" "，换页符"\f"，回车符"\r"，水平制表符"\t"，垂直制表符"\v")

【例 6.15】　字符处理函数示例。

【问题描述】　输入一行字符，统计其中以空格分开的单词的个数，并将每个单词的首字母若为小写则变为大写。

【问题分析】　这个问题要完成 4 个任务：①从标准输入读取一行字符，并存储到字符数组中；②统计输入的字符中以空格分隔的单词个数；③每个单词的首字母若为小写则变为大写；④输出统计的单词个数和修改后的字符串。

【参考代码】

```c
#include <stdio.h>
#include <ctype.h>
#define MAX_LENGTH 100
int main() {
    char str[MAX_LENGTH];
    int wordCount = 0;
    int i;
    //读取一行字符
    printf("Enter a line of characters: ");
    gets(str);
    //统计单词个数并将每个单词的首字母若为小写则变为大写
    for (i = 0; str[i] != '\0'; i++) {
    //如果当前字符是空格或换行符且前一个字符不是空格,则表示一个单词结束
        if ((isspace(str[i]) || str[i] == '\n') && !isspace(str[i-1])) {
            wordCount++;
        }
        //如果当前字符是字母且前一个字符是空格或换行符,则将其转换为大写
        if ((isspace(str[i-1]) || i == 0) && islower(str[i])) {
            str[i] = toupper(str[i]);
        }
    }
    //如果最后一个字符不是换行符,则表示最后一个单词没有统计
    if (str[i-1] != '\n') {
        wordCount++;
    }
    //输出统计结果
    printf("Number of words: %d\n", wordCount);
    printf("Modified string: %s\n", str);
    return 0;
}
```

【拓展思考】　编写一个程序,将给定的字符串中的大写字母转换为小写字母,小写字母转换为大写字母,其他字符不变。如输入 Hello,则输出 hELLO。

6.4　本章小结

　　本章所涉及的知识思维导图如图 6.11 所示。数组是具有一定顺序关系的相同类型的变量的集合体,被存储在内存的一个连续的区域中,并用一个名称命名,组成数组的对象称为该数组的元素,数组元素用数组名称与带方括号的下标表示。数组名称代表保存数组首元素的内存地址。本章主要介绍了一维数组、二维数组和字符数组。

　　一维数组是数组中最简单的,它的元素只需要用数组名称加一个下标就能唯一确定。二维数组可以形象化地看作数学上的一个矩阵,第一个下标称为行下标,第二个下标称为列下标。把二维数组写成行和列的排列形式,有助于形象地理解二维数组的逻辑结构。

　　数组元素可以作为实参,向形参传递数组元素的值,采用的是值传递方式。数组名称可以作为实参和形参,传递的是数组首元素的地址,采用的是地址传递方式。

　　对数组元素进行排序、查找,是数组处理的重要应用,本章介绍了冒泡排序法进行排序和二分法进行查找的算法。

　　用来存放字符数据的数组就是字符数组。字符串是一种特殊的字符数组,它以字符串结束标志'\0'作为最后一个元素。对字符数组的操作一般是逐个字符进行,而对字符串的操作,经常作为一个整体进行。C 语言中,专门给出了字符串处理函数。

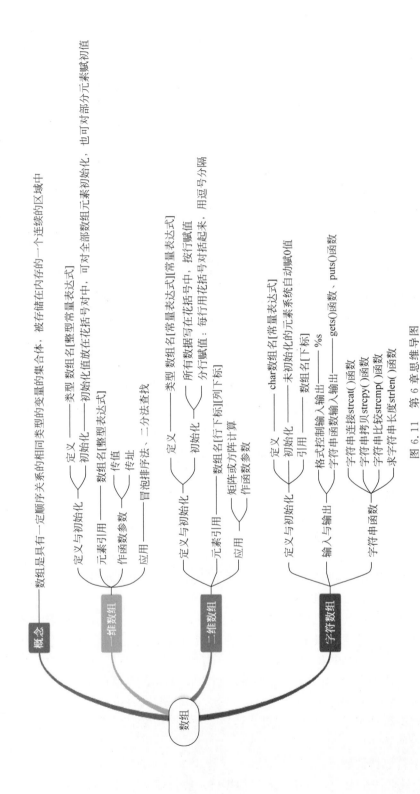

图 6.11　第 6 章思维导图

在线测试

6.5 拓展习题

1. 基础部分

(1) 从键盘输入 10 个数,输出最小值及其下标,再将该最小值和第一个数交换,并输出交换后的数组。

(2) 输入一个正整数 n(1<n≤10),再输入 n 个整数存入一维数组,先输出最大值及其下标(设最大值唯一),再将最大值与最后一个数交换,并输出交换后的 n 个数。

(3) 将二维数组行列元素互换,存到另一个数组中。

(4) 编写程序,实现 3 行 3 列矩阵的转置(即行列互换)。

(5) 将冒泡排序算法采用函数实现,以数组作函数参数。

(6) 输入一串字符,分别统计其中数字和字母的个数。

(7) 将一个数插入已排序的数组中,使结果仍为有序数组。

(8) 编写一个程序,用于判断给定的字符是否与原有字符串中的某个字符相同,若相同,给出提示,如不同,将其连接到已有字符串的末尾。

2. 提高部分

(1) 求某年某月某日是该年的第几天。

(2) 把一个字符串拼接到另一个字符串的后面(即实现 strcat 的功能),输出合并后的字符串及其总长度。

(3) 写一个比较两个字符串大小的程序(即实现 strcmp 的功能),字符串由键盘输入。

(4) 将两个数组按升值排序,然后将这两个数组合并成一个大的数组,仍按升序排序。

(5) 根据所给整数 m(4≤m≤20)输出以下形式的方阵。

当 m=5 时,方阵形式如下:

$$\begin{bmatrix} 25 & 16 & 9 & 4 & 1 \\ 16 & 9 & 4 & 1 & 25 \\ 9 & 4 & 1 & 25 & 16 \\ 4 & 1 & 25 & 16 & 9 \\ 1 & 25 & 16 & 9 & 4 \end{bmatrix}$$

(6) 有一个 3×3 的二维数组,在主函数中为此二维数组的各元素赋值,各元素的值随机生成,取值范围是[0,9],编写一个函数,将数组左下三角元素的值全部乘以 3。

(7) 将数字 1、2、3、4、5、6、7、8、9 分成 3 组,使每一组构成的三位数均是完全平方数,且 3 组中的数组均不相同。要求:将判断一个整数是否是完全平方数编一个函数;将判断两个整数各位数字是否相同也编一个函数。

6.6 拓展阅读

软件开发流程

软件开发流程即软件设计思路和方法的一般过程,包括软件的需求分析,设计软件的功能和实现功能的算法和方法、软件的总体结构设计和模块设计、编码和调试、程序联调和测试,以及编写、提交程序等一系列操作。以满足客户的需求,解决客户的问题为目的,如果客户有更高需求,还需要对软件进行维护、升级、报废处理。

1. 需求分析

（1）相关系统分析员向用户初步了解需求,然后用相关的工具软件列出要开发的系统的大功能模块,每个大功能模块有哪些小功能模块,对于有些需求比较明确的相关界面时,可以初步定义好少量的界面。

（2）系统分析员深入了解和分析需求,根据自己的经验和需求用 Word 或相关的工具再做出一份文档系统的功能需求文档。该文档会清楚列出系统大致的大功能模块,大功能模块有哪些小功能模块,并且还列出相关的界面和界面功能。

（3）系统分析员向用户再次确认需求。

2. 概要设计

首先,开发者需要对软件系统进行概要设计,即系统设计。概要设计需要对软件系统的设计进行考虑,包括系统的基本处理流程、组织结构、模块划分、功能分配、接口设计、运行设计、数据结构设计和出错处理设计等。概要设计为软件的详细设计提供基础。

3. 详细设计

在概要设计的基础上,开发者需要进行软件系统的详细设计。详细设计描述实现具体模块所涉及的主要算法、数据结构、类的层次结构及调用关系,说明软件系统各个层次中的每一个程序(每个模块或子程序)的设计考虑,以便进行编码和测试。详细设计应当保证软件的需求完全分配给整个软件。详细设计也应当足够详细,开发者能够根据详细设计报告进行编码。

4. 编码

在软件编码阶段,开发者根据《软件系统详细设计报告》中对数据结构、算法分析和模块实现等方面的设计要求,开始具体地编写程序,先分别实现各模块的功能,再实现对目标系统的功能、性能、接口、界面等方面的要求。在规范化的研发流程中,编码工作在整个项目流程里最多不会超过 1/2,通常在 1/3 的时间,所谓磨刀不误砍柴工,设计过程完成得好,编码效率就会极大提高,编码时不同模块之间的进度协调和协作要引起重视,也许一个小模块的问题就可能影响了整体进度,让很多程序员因此被迫停下工作等待,这种问题在很多研发过程中都出现过。编码时的相互沟通和应急的方法都是相当重要的,对于程序员而言,bug 永远存在,必须永远面对这个问题!

5. 测试

测试开发好的系统。交给用户使用,用户使用后一个一个地确认每个功能。软件测试有很多种:按照测试执行方,可以分为内部测试和外部测试;按照测试范围,可以分为模块测试和整体联调;按照测试条件,可以分为正常操作情况测试和异常情况测试;按照测试的输入范围,可以分为全覆盖测试和抽样测试。以上都很好理解,不再解释。总之,测试同样是项目研发中一个相当重要的步骤,对于一个大型软件,3 个月到 1 年的外部测试都是正常的,因为永远都会有不可预料的问题存在。测试完成后,进行验收并编写帮助文档,整体项目才算告一段落,当然日后少不了升级、修补等工作,只要不是想通过一锤子买卖,就要不停地跟踪软件的运营状况并持续修补升级,直到这个软件被彻底淘汰为止。

6. 软件交付

在软件测试证明软件达到要求后,软件开发者应向用户提交开发的目标安装程序、数据库数据字典、《用户安装手册》、需求报告、设计报告、测试报告等双方合同约定的产品。

《用户安装手册》应详细介绍安装软件对运行环境的要求,安装软件的定义和内容,软件在客户端、服务器端及中间件的具体安装步骤及安装后的系统配置。

　　《用户使用指南》应包括软件各项功能的使用流程、操作步骤、相应业务介绍、特殊提示和注意事项等方面的内容,必要时还应举例说明。

　　7. 验收

用户验收。

　　8. 维护

根据用户需求的变化或环境的变化,对应用程序进行全部或部分的修改。

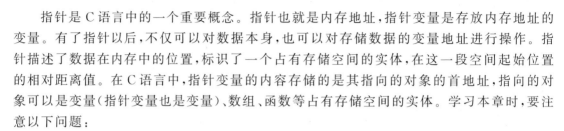

指针是 C 语言中的一个重要概念。指针也就是内存地址,指针变量是存放内存地址的变量。有了指针以后,不仅可以对数据本身,也可以对存储数据的变量地址进行操作。指针描述了数据在内存中的位置,标识了一个占有存储空间的实体,在这一段空间起始位置的相对距离值。在 C 语言中,指针变量的内容存储的是其指向的对象的首地址,指向的对象可以是变量(指针变量也是变量)、数组、函数等占有存储空间的实体。学习本章时,要注意以下问题:

(1) 指针的概念和语法,理解指针是 C 语言中的一种数据类型,它存储的是地址,能够指向其他变量的地址,学习如何声明指针变量、如何使用指针访问变量值等语法;

(2) 理解指针与数组间的关系,使用指针如何访问数组元素及理解元素为指针的数组等;

(3) 在函数中如何使用指针,包括指向函数的指针、指针作为函数返回值等。

7.1 指针的概念

在计算机中,所有的数据都是存放在存储器中的,不同的数据类型占有的内存空间的大小各不相同。内存是以字节为单位的连续编址空间,每一个字节单元对应着一个独一的编号,这个编号被称为内存单元的地址。比如,int 类型占 4 字节,char 类型占 1 字节等。系统在内存中为变量分配存储空间的首个字节单元的地址,称为该变量的地址。地址用来标识每一个存储单元,方便用户对存储单元中的数据进行正确地访问。在 C 语言中地址形象地称为指针。

要想彻底理解指针,首先要理解 C 语言中变量的存储本质,也就是内存。

1. 内存编址

计算机的内存是一块用于存储数据的空间,由一系列连续的存储单元组成,字节(Byte)作为内存寻址的最小单元,给每个字节一个编号,这个编号就叫内存的地址。每个字节由 8 位组成,每个位就是 0 或者 1 两种状态。内存地址编码如图 7.1 所示。

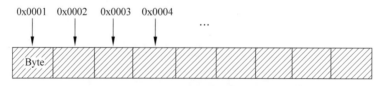

图 7.1　内存地址编码

这就相当于,给小区里的每个单元、每个住户都分配一个门牌号,在生活中,需要保证门牌号唯一,这样就能通过门牌号很精准地定位到一家人。同样,在计算机中,也要保证给每一个字节的编号是唯一的,这样能够保证每个编号都能访问到唯一确定的字节。

2. 内存地址空间

内存中每个字节具有唯一的编号,那么编号的范围就决定了计算机可寻址内存的范围,所有编号连起来就叫作内存的地址空间。

早期 Intel 8086、8088 的 CPU 就是只支持 16 位地址空间,寄存器和地址总线都是 16 位,这意味着最多对 2^{16} B = 64 KB 的内存编号寻址,32 位意味着可寻址的内存范围是 2^{32} B = 4 GB。

3. 变量的本质

有了内存,接下来需要考虑 int、double 这些变量是如何存储在 0,1 单元格的。

在 C 语言中会这样定义变量:

```
int a = 999;
char c = 'c';
```

当写下一个变量定义时,实际上是向内存申请了一块空间来存放变量,int 类型占 4 字节,并且在计算机中数字都是用补码表示的,999 换算成补码是 0000 0011 1110 0111。这里有 4 字节,所以需要 4 个单元格来存储,如图 7.2 所示。

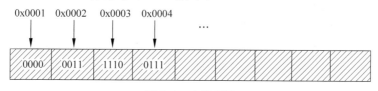

图 7.2　大端存储

计算机这种将把高位字节放在了低地址的存储方式叫作大端存储,如图 7.2 所示。反之,将低位字节放在内存低地址的存储方式就叫作小端存储,如图 7.3 所示。

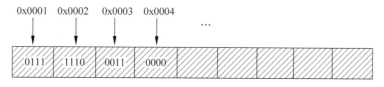

图 7.3　小端存储

int、char、指针、数组、结构体、对象等数据类型都是这样放在内存的。

4. 地址与指针

指针相对于一个内存单元来说,指的是单元的地址,该单元的内容里面存放的是数据。在 C 语言中,允许用指针变量来存放指针,因此,一个指针变量的值就是某个内存单元的地址或称为某内存单元的指针。

7.2　指针变量的定义与引用

视频讲解

1. 指针变量的定义

使用指针变量之前必须定义。定义指针变量的格式如下。

```
基类型 *指针变量名;
```

定义一个指针变量要给出三个要素:变量名、指针、基类型。首先它是一个变量(用变量名表示),其次用 * 符号表示它是一个指针变量,这个指针变量只能指向特定数据类型(基类型)的数据。例如:

```
int * i_point;          //定义一个指向整型数据的指针变量 i_point
char * c_point;         //定义一个指向字符型数据的指针变量 c_point
double * d_point;       //定义一个指向双精度浮点数据的指针变量 d_point
```

指针变量只能接收其他变量的地址作为其值。获取变量地址通过取地址操作符(&)，其语法格式如下。

> & 变量名

将变量的地址赋值给指针变量的方式有以下两种。

(1) 在定义指针变量的同时为其赋值(即定义指针变量同时初始化指针)，具体示例代码如下。

```
int a;
int *p = &a;
```

上述代码首先定义了 int 类型的变量 a，然后定义了 int 类型的指针变量 p，同时通过取地址操作符 & 将变量 a 的地址赋给指针变量 p。

(2) 先定义指针变量，然后为其赋值，具体示例代码如下。

```
int *p;
int a;
p = &a;
```

上述代码首先定义了 int 类型的指针变量 p，然后定义了 int 类型变量 a，最后将变量 a 的地址赋给指针变量 p。

> Tips
> ① 指针变量是变量，它也占据一块内存空间。在 64 位操作系统中，所有类型的指针变量都占 4 字节的内存空间。
> ② 在为指针变量赋值时，不能写成 *p = &a，这是因为变量 a 的地址是赋值给指针变量 p 本身的，而不是赋给 *p 的。
> ③ 在定义指针变量时，必须为其指定基类型。如果没有为指针变量指定基类型，编译器就无法确定以何种形式解读内存中的数据。例如，不知是将指针变量解读为 int 类型数据还是解读为 float 类型数据。
> ④ 指针变量的含义包含两方面内容，一是内存地址；二是指针指向的变量的数据类型。相应地，在说明指针变量时应表达为"p 是一个指向整型数据的指针变量"。
> ⑤ 指针变量中只能存地址，不能随便将一个整数赋给指针变量。例如，int *p = 100；除非知道整数 100 是哪个变量的地址，否则不要将整数 100 赋给指针变量 p。

2. 指针变量的引用

指针变量的引用就是根据指针变量中存放的地址，访问该地址对应的变量。通过取值运算符(*)访问指针变量指向的变量，其语法格式如下。

> * 指针表达式

上述语法格式中，"*"为取值操作符；指针表达式为指针变量名或包含指针变量的运算。通过间接访问地址可以获取指针指向的地址中的数据。指针变量引用示例代码如下：

```
int num = 100;               //定义 int 类型的变量 num 并赋值 100
int *p = &num;               //定义 int 类型的指针变量 p 并将其指向变量 num
printf("*p = %d\n", *p);     //通过 num 地址读取 num 中的数据,结果为 100
```

【例 7.1】　指针变量的定义和引用示例。

【参考代码】

```
# include < stdio. h>
int main()
{
    int a = 10, b = 5;                //定义 2 个整型变量 a, b, 并初始化
    int * pa, * pb;                   //定义 2 个指向整型变量的指针变量 pa, pb
    pa = &a;                          //给指针变量 pa 赋值, 使它指向变量 a
    pb = &b;                          //给指针变量 pb 赋值, 使它指向变量 b
    printf(" % d, % d\n", a, b);       //输出变量 a, b 的值, 直接访问
    printf(" % d, % d\n", * pa, * pb); //输出变量 a, b 的值, 通过指针变量 pa 和 pb 间接访问
    printf(" % d, % d\n", &a, &b);     //输出变量 a, b 的地址
    printf(" % d, % d\n", pa, pb);     //输出变量 a, b 的地址
    return 0;
}
```

【代码分析】　变量 a 的地址赋值给指针 pa, 即指针 pa 指向变量 a, 于是对变量 a 既可以直接访问, 也可以间接访问, 即 a 与 * pa 指的都是变量 a 的内容; 变量 a 的地址 &a 就是指针 pa, &a 与 pa 指的都是变量 a 的地址。运行实例如图 7.4 所示(不同状态下, 输出的地址信息可能不同)。

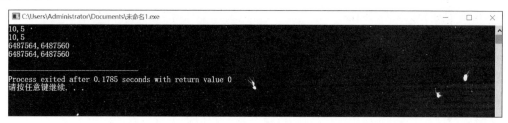

图 7.4　例 7.1 运行结果

【素质拓展】　透过现象看本质

通过指针的间接访问, 启发同学们在看待问题时, 要能够抓住问题背后的根本性运作逻辑, 能够理解它真正的前因后果, 而不是被问题的表象、无关要素、感性偏见等影响了判断。这是一种非常重要的思维方式。

【例 7.2】　指针变量赋值示例。

【参考代码】

```
# include < stdio. h>
int main()
{
    double a = 0, b = 6.0, * pa, * pb;
    pa = &a;                          //使 pa 指向变量 a
    printf(" % 1f\n", * pa);           // * pa 即 a
    * pa = * pa + 5.5;                 //对指针变量 pa 间接运算, 等价于 a = a + 5.5
    pb = pa;                          //赋值, 相当于 pb = &a, 就是使 pb 指向变量 a
    pa = &b;                          //给 pa 再次赋值, 使之指向变量 b
    printf(" % 1f, % 1f\n", * pb, * pa); //用 * pb 间接访问变量 a, 用 * pa 间接访问变量 b
    return 0;
}
```

【代码分析】　变量 a 的地址赋值给指针 pa, 即指针 pa 指向变量 a, 通过指针变量 * pa 对变量 a 的内容进行修改, 将 pa 和 pb 两个指针变量指向的内容进行互换, 并打印输出变换后的内容。运行结果如图 7.5 所示。

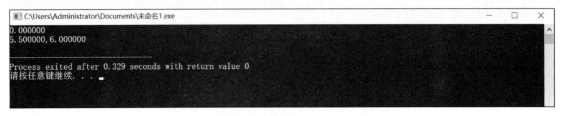

图 7.5　例 7.2 运行结果

> Tips
>
> ① 空指针,表示指针没有指向任何内存单元。构造空指针有两种方法:将指针赋值为 0 或赋值为 NULL。
>
> ② 野指针,指向不可用区域的指针。野指针形成原因:指针变量没有被初始化;指针与内存使用完毕之后,指向的内存被释放掉,指针却没有被置为 NULL。
>
> ③ void 指针,指针被 void * 修饰,称为无类型指针。这类指针指向一块内存,却没有告诉应用程序按什么类型去解读这块内存,所以无类型指针不能直接进行数据的存取操作,必须先转换为其他类型指针。

3. 指针变量作为函数参数

指针作为函数参数时,传递的是一个地址,函数内部的指针与函数外部的指针指向的是同一块内存,在函数内部操作指针指向的内存时,函数外部的指针指向的数据也会发生改变。

【例 7.3】　指针变量作为函数参数示例。

【问题描述】　定义一个 int 类型变量 a,并定义一个指针 p 指向变量 a。将指针 p 作为参数传递给函数 func(),在 func()函数内部对指针指向的数据进行更改。

【参考代码】

```c
#include<stdio.h>
void func(int * p1){ * p1 = 99;}
int main()
{
    int a = 10;
    int * p = &a;
    func(p);
    printf("%d\n", a);
    return 0;
}
```

【代码分析】　指针 p 作为 func()函数的参数传递过程如图 7.6 所示。

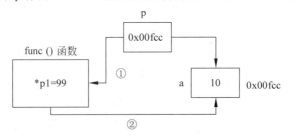

图 7.6　指针变量作为函数参数地址指向

4. 指针的交换

指针交换包括两个方面,一是指针指向交换,二是指针所指地址中存储数据的交换。

(1) 指针指向交换。

假设 p 和 q 都是 int * 类型的指针,则指针交换指向如图 7.7 所示。

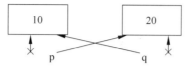

图 7.7　指针指向交换

代码实现如下:

```
int * tmp = NULL;
tmp = p;
p = q;
q = tmp;
```

(2) 数据的交换。

指针数据交换如图 7.8 所示。

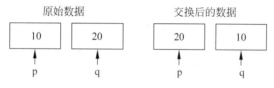

图 7.8　指针所指地址中存储数据交换

代码实现如下:

```
int tmp = 0;
tmp = * p;
* p = * q;
* q = tmp;
```

> Tips
> ① 指针作为函数参数,传递的是地址。
> ② 指针交换包括指针指向的交换,以及指针所指地址中存储数据的交换。

【例 7.4】　输入 3 个整数,并对 3 个整数进行排序输出。

【问题分析】　定义 3 个 int 类型的指针变量分别指向 3 个整数。定义函数 swap(),通过指针变量作为函数参数完成两个数的比较。

【参考代码】

```
# include < stdio.h >
# include < stdlib.h >
void swap(int * p1, int * p2)
{
    int temp;
    temp = * p1;
    * p1 = * p2;
    * p2 = temp;
}
int main()
{
```

```
    int a, b, c;
    int * pa = &a;
    int * pb = &b;
    int * pc = &c;
    int temp;
    printf("请输入 3 个整数：");
    scanf("%d%d%d", pa, pb, pc);
    //对 3 个数进行排序
    if ( * pa > * pb)
        swap(pa, pb);
    if ( * pb > * pc)
        swap(pb, pc);
    if ( * pa > * pb)
        swap(pa, pb);
    //打印排序后的 3 个数
    printf("排序之后：%d %d %d\n", a, b, c);
    return 0;
}
```

【代码分析】 定义 3 个 int 类型的变量 a,b,c,并定义 3 个 int 类型的指针 pa、pb、pc 分别指向变量 a、变量 b 和变量 c。定义函数 swap(),函数参数为两个 int 类型的指针变量。在函数内部,定义一个临时变量完成两个指针指向的数据的交换,以实现排序。

请输入3个整数：7 82 56
排序之后：7 56 82
————————
Process exited after 4.109 seconds with return value 0
请按任意键继续. . .

图 7.9　例 7.4 运行结果

【拓展思考】 对于一个整型数组,如何完成排序输出？

视频讲解

7.3　指针与数组

前面都是通过下标访问数组元素的,实际上使用指针(即指针法)也可以方便地访问数组元素,而且使用指针法访问数组元素一般要比使用下标法访问数组元素效率高。

▶ 7.3.1　数组指针

数组在内存中顺序存放,一个数组的所有数组元素占用连续的一块内存单元,数组名就是这块连续内存单元的首地址。一个数组由各个数组元素组成,每个数组元素依其类型占有几个连续的内存单元,每个数组元素的首地址也是指它所占有的存储块的首地址。数组名是一个指向该数组的指针,它是一个指针常量,不能被修改,因为系统一旦给整个数组分配了存储区域,在整个程序运行过程中是不会改变的。

数组指针是指向数组的指针,即指向数组首元素地址的指针。数组包含若干元素,每个数组元素都有相对应的地址,指针变量可以指向数组元素(把数组某一元素的地址放到一个指针变量中),所谓数组元素的指针就是数组元素的地址。指向一维数组的指针,例如：

```
int a[100], * pa;
pa = a;
pa = &a[8];
```

这里,不带方括号的数组名 a 是一个指针常量,代表整个数组的首地址,也是数组第一个元素 a[0]的首地址,a 和 &a[0]等价。

pa 是一个指针变量,可以通过 pa=a;语句把数组 a 的首地址赋值给指针变量 pa,即让指针 pa 指向数组 a,也可以再通过赋值语句改变指针 pa 的值,使指针 pa 指向某一个数组元素,如 pa=&a[8];语句使指针 pa 指向数组元素 a[8]。数组名 a 是指针常量,不能被改变,指针 pa 是变量,可以指向其他的变量。

在定义指针变量的同时可以给指针变量赋初值:

```
int a[100], * pa = a;    或    int a[100], * pa = &a[0];
```

上述语句等价于:

```
int a[100], * pa;
pa = a; 或 pa = &a[0];
```

C 语言中规定,如果指针变量 pa 已经指向数组中的一个元素,则 pa+1 指向同一数组的下一个元素(在数组元素个数范围内),而不是将指针 pa 的值(地址)简单地加 1。

如果 pa=a,则数组 a 的首地址可以有几种表示法:a,&a[0],pa,而 pa+i 和 a+i 就是 a[i]的地址,它们都指向数组 a 中下标为 i 的元素。如 pa+8 和 a+8 的值是 &a[8],都指向 a[8]。

若一个指针变量指向整个一维数组,则它具有与数组名相似的特征,利用指针可以方便地访问数组中的元素进行操作。一维数组指针变量的定义形式如下。

```
数据类型 ( * 指针变量名)[N];
```

其中,N 是整型常量,表示指针变量所指一维数组的元素个数。例如:

```
int ( * p)[4];
```

定义了一个指向含有 4 个整型数据的一维数组的指针变量 p。例如:

```
int a[3][4],( * p)[4], * ptr;
ptr = a[0];
p = a;
```

其中,ptr 是指向数组元素的指针变量,而 p 是指向数组的指针变量。

> Tips
> ① 数组指针是指向数组的指针,即指向数组首元素地址的指针。
> ② 数组指针变量的定义形式为"数据类型 (* 指针变量名)[N]",N 是数组的大小。

【例 7.5】 数组指针使用示例。

【问题描述】 已知一个 int 类型的一维数组{1,2,3,4,5,6,7,8,9},定义一个指向数组的数组指针,通过数组指针输出数组元素的值。

【参考代码】

```
#include < stdio. h >
int main()
{
    int i, a[9]={1,2,3,4,5,6,7,8,9};
    int ( * p)[9] = &a;
    for(i = 0;i < 9;i++ )
```

```
    {
        printf("%d\n",*(*p+i));
    }
    return 0;
}
```

【代码分析】 int(*p)[9] = &a;这句表示指针变量 p 指向数组 a,p 为一个数组指针。&a 表示数组的地址,&a 与 a 不同,虽然两者的值一样,但是含义却大不相同,&a 表示数组的地址,而 a 则表示数组首元素的地址。&a 与 a 经常会造成混淆,所以要注意区分。*p 就等于 a,也就是数组首元素的地址,所以*p+1 就是数组第二个元素的地址。*(*p+1)就是取数组第二个元素 2,以此类推。

当二维数组指针定义时必须要指定列数,其格式如下:

数组元素类型(*数组指针变量名)[列数];

二维数组指针定义示例:

```
int arr[2][3] = {{1,2,3},{4,5,6}};
int (*p1)[3] = arr;              //二维数组名赋值给指针 p1
int (*p2)[3] = &arr[0][0];       //取第一个元素的地址赋值给 p2
int (*p3)[3] = arr[0];           //取第一行地址赋值给 p3
```

二维数组中,指针每加 1,指针将移动一行。以数组 arr 为例,若定义了指向数组的指针 p,则 p 初始时指向数组首地址,即数组的第 1 行元素,若执行 p+1,则 p 将指向数组中的第 2 行元素。二维数组指针移动如图 7.10 所示。

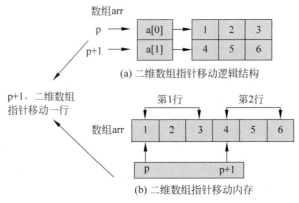

图 7.10 二维数组指针移动

【例 7.6】 数组指针指向二维数组示例。

【问题描述】 已知一个 int 类型 3 行 4 列的二维数组{1,2,3,4,5,6,7,8,9,10,11,12},定义一个数组指针,通过数组指针输出数组元素的值。

【参考代码】

```
#include<stdio.h>
int main()
{
    int i,j;
    int a[3][4] = {1,2,3,4,5,6,7,8,9,10,11,12};
    int (*p)[4] = a;
    for(i = 0;i<3;i++)
    {
        for(j = 0;j<4;j++)
```

```
        {
            printf("% d\n", * (( * (p + i)) + j));
        }
    }
    return 0;
}
```

【代码分析】　二维数组的每一行都可以看作一个一维数组,所以指针 p 指向二维数组的第一行,p+1 则指向二维数组的第二行,以此类推。

▶ 7.3.2　指针数组

指针数组也是一种数组,数组中的每个数组元素均为指针类型数据,也就是说,每个元素都存放一个地址,相当于一个指针变量。定义一维指针数组的一般形式如下:

类型名　*数组名[数组长度];

例如:

```
int * pi[10];
```

由于运算符[]的优先级高于 *,因此 pi 与[]结合成 pi[10]表示定义一个大小为 10 的数组,pi[10]与 * 结合表示该数组是指针类型的数组,每个数据元素都是一个指针变量。因此,int * pi[10];表示定义一个大小为 10 的指针数组,每个数组元素都指向一个整型数据。

注意:不要将上面的定义写成 int(* pi)[10];,这时的 pi 表示的是指向有 10 个元素的一维数组的指针变量。

> Tips
> ① 指针数组也是一种数组,数组中的每个数组元素均为指针类型数据。
> ② 定义一维指针数组的一般形式为:类型名　*数组名[数组长度];。

定义指针数组以后,可以使数组元素指向一个变量或其他数组的首地址。通常可用指针数组来处理字符串和二维数组。

例如,使用指针数组处理一组数据 float arr[10] = {88.5,90,76,89.5,94,98,65,77,99.5,68};定义一个指针数组 str,将数组 arr 中的元素取地址赋给 str 中的元素。

```
float * str[10];                 //定义一个 float 类型的指针数组
for(i = 0; i < 10; i++)
{
    str[i] = &arr[i];            //将 arr 数组中的元素取地址赋给 str 数组元素
}
```

str 指针数组与 arr 数组的关系如图 7.11 所示。

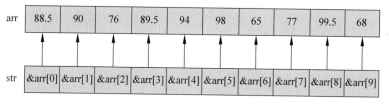

图 7.11　指针数组 str 与数组 arr 关系

指针数组 str 中存储的是数组 arr 中的数组元素地址,可以通过操作指针数组 str 对这一组成绩进行排序,而不改变原数组 arr。

```
for( i = 0; i < 10 - 1; i++ ){
    float * pTm;                           //定义临时指针用于交换
    for( j = 0; j < 10 - 1 - i; j++ ){
        if( * str[j] < * str[j + 1] ){
            pTm = str[j];
            str[j] = str[j + 1];
            str[j + 1] = pTm;
        }
    }
}
```

交换指针指向完成数组排序如图 7.12 所示。

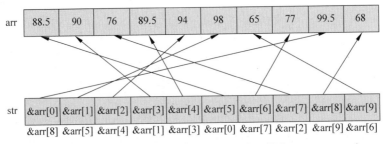

图 7.12　交换指针指向完成数组排序

也可以不交换指针数组 str 中的指针，而交换指针指向的数据，则原数组 arr 就会被改变。

```
for( i = 0; i < 10 - 1; i++ ){
    float tpm;                             //定义一个 float 类型的临时变量
    for( j = 0; j < 10 - 1 - i; j++ ){
        if( * str[j] < * str[j + 1] ){     //交换指针指向的数据
            tpm = * str[j];
            * str[j] = * str[j + 1];
            * str[j + 1] = tpm;
        }
    }
}
```

交换数据完成数组排序如图 7.13 所示。

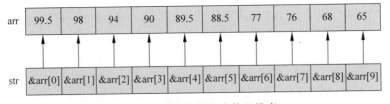

图 7.13　交换数据完成数组排序

【素质拓展】　殊途同归，择优而行

　　程序设计中很多例题通常情况下都有很多种不同的解法，体现了"殊途同归"的道理。但是选择不同的解题方法，其时间复杂度和空间复杂度是有明显区别的。因此应该选择最优的方法去求解，即"择优而行"。

　　【例 7.7】　指针数组使用示例。

　　【问题描述】　已知"hello""world""nice""happy"4 个字符串，定义一个指针数组，指针数组中元素分别存储 4 个字符串的地址，输出 4 个字符串。

【参考代码】

```
#include <stdio.h>
int main()
{
    int i;
    char *p1 = "hello";
    char *p2 = "world";
    char *p3 = "nice";
    char *p4 = "happy";
    char *p[4] = {p1,p2,p3,p4};
    for(i = 0;i < 4;i++)
    {
      printf("%s\n",p[i]);
    }
    return 0;
}
```

【代码分析】 p 是定义的一个指针数组，它有 4 个元素，每个元素是一个 char * 类型的指针，这些指针存放着其对应字符串的首地址。这就相当于定义 char * p1 = "hello"; char * p2 = "world"; char * p3 = "nice"; char * p4 = "happy"; 这是 4 个指针，每个指针存放一个字符串首地址，然后用 p[4] 这个数组分别存放这 4 个指针，就形成了指针数组。p[0] 就是取第一个字符串 "hello"，p[0][0] 就是取第一个字符串的第一个元素 'h'。

如果一个指针变量存放的是另一个指针变量的地址，则称这个指针变量为二级指针变量，也称指向指针的指针。根据二级指针中存放的数据，二级指针可分为两种：指向指针变量的指针和指向指针数组的指针。

指向指针变量的二级指针定义格式如下：

变量类型 ** 变量名;

二级指针定义示例：

```
int a = 10;                //整型变量
int * p = &a;              //一级指针 p,指向整型变量 a
int ** q = p;              //二级指针 q,指向一级指针 p
```

二级指针变量如图 7.14 所示。

图 7.14 二级指针变量

指向指针数组的指针定义示例：

```
char * a[3] = {0};
char ** p = a;             //指针 p 指向数组首地址
```

7.4 指针与函数

指针可以作为函数参数进行地址传递。由于函数名就是函数的入口地址，因此指针还可以指向函数。函数的返回值除了可以是系统定义的简单数据类型外，还可以是指针类型。

视频讲解

▶ 7.4.1 指向函数的指针

在 C 语言中，一个函数所包含的指令序列在内存中总是占用一段连续的存储空间，这段存储空间的首地址称为函数的入口地址，而通过函数名就可以得到这一地址。由于指针就是地址，因此可以将函数的入口地址赋给一个指针变量，使该指针指向该函数，通过指针变量就可以找到并调用这个函数。

定义指向函数的指针变量的一般形式如下：

> 类型名（＊指针变量名）（函数参数列表）；

其中，类型名表示函数返回值的类型，（＊指针变量名）表示＊后面的变量是一个指针变量，函数参数列表表示函数形参的类型。

> **注意：**（＊指针变量名）中的圆括号不能省略，否则就成了返回指针的函数了。例如：
>
> int（＊pf）（int, int）；
>
> 表示 pf 为一个指向函数入口的指针变量，该函数有两个整型类型的参数，其返回值是整型类型。

【素质拓展】　实事求是、严谨求实

无论是简单的基本语法，还是数组、函数、指针的运用，C 语言作为计算机的程序设计语言，本身是要求严谨、一丝不苟的，是一个不断调试、测试直到成功运行的过程。程序设计要逻辑严密、精益求精，这些都体现了把事情做到极致的工匠精神，需要程序员树立实事求是、严谨求实的价值观和人生观。

【例 7.8】　指向函数的指针使用示例。

【问题描述】　定义实现不同功能的函数，包括找出最大值的函数 max()，找出最小值的函数 min()，相加的函数 add()，函数调用时根据用户需求选择调用不同功能的函数。

【问题分析】　定义一个函数 process() 来有效地结合这 3 个函数，通过指向函数的指针 int(＊p)() 来完成这个步骤，在调用 process() 函数时，想用哪个函数来处理数据，就把计划函数的地址赋给函数指针 p。这个指针指向的函数的返回值类型与函数的指针类型保持一致。例如，max() 函数的返回值类型是 int 类型，因此指向 max() 函数的指针也是 int 类型。

【参考代码】

```
#include <stdio.h>
int max(int x, int y) {
    int result = (x > y) ? x : y;
    return result;
}
int min(int x, int y) {
    int result = (x > y) ? y : x;
    return result;
}
int add(int x, int y) {
    int result = x + y;
    return result;
}
int process(int x, int y, int(*p)(int,int)) {
    int result;
    if (p == max) {
        result = max(x, y);
        printf("最大值是: %d\n", result);
    }
```

```
        else if (p = = min)
        {
            result = min(x, y);
            printf("最小值是：%d\n", result);
        }
        else
        {
            result = add(x, y);
            printf("两数之和：%d\n", result);
        }
        return result;
    }
    int main() {
        int a = 5, b = 6;
        int max_ = process(a, b, max);
        int min_ = process(a, b, min);
        int sum_ = process(a, b, add);
        return 0;
    }
```

【代码分析】 通过定义指向函数的指针 int(＊p)()作为函数 process()的参数，当 max()
函数、min()函数或 add()函数传递给 process()函数时，就是分别调用相应的函数来执行对应
的操作。

程序运行结果如图 7.15 所示。

图 7.15 例 7.8 运行结果

▶ 7.4.2 返回指针值的函数

函数可以返回整型值、字符型值、实型值等，也可以返回指针型的数据，即地址。返回指针
值的函数简称为指针函数。

返回指针值的函数的一般定义形式如下：

> 数据类型 ＊函数名(参数列表)

例如：

> int ＊a(int x, int y);

a 作为函数名，调用它之后能得到一个指向整型数据的指针（地址），x 和 y 是函数 a 的形
参，为整型。

注意：在＊a 两侧没有括号，在 a 的两侧分别为＊运算符和()运算符，而()运算符优先级
高于＊，因此 a 先与()结合，显然这是函数形式，再与＊结合，表示此函数是指针型函数(函数
值是指针)，最前面的 int 表示返回的指针指向整型变量。

Tips
① 定义指向函数的指针变量的一般形式为：类型名（＊指针变量名）(函数参数列表)。
② 返回指针值的函数的一般定义形式为：数据类型 ＊函数名(参数列表)。

【例7.9】 返回指针值的函数使用示例。

【问题描述】 定义一个可以实现对两个整型数相加的函数 add()，要求返回值为指针值，并将相加结果打印输出。

【问题分析】 定义一个全局整型变量 sum，用来存储 add() 函数返回值，并将 sum 地址作为函数的返回值。

【参考代码】

```c
# include < stdio. h>
//返回指针值的函数
int sum;                          //全局变量来存储返回值
int * add( int x, int y)
{
    sum = x + y;
    return &sum;
}
int main()
{
    int * presult;
    presult = add(4,5);         //调用 add(4,5)，并将计算结果存储在全局变量 sum 中，add 函数返回
//&sum，即 sum 的地址，赋给 presult
    printf("和值为 %d\n", * presult);
    return 0;
}
```

【代码分析】 全局变量 sum 的生存期一直到程序结束，sum 变量占用的内存一直存在，能够被控制，不会被系统回收。

7.5 本章小结

本章所涉及的知识思维导图如图 7.16 所示。本章介绍了指针的概念，主要介绍了指向变量的指针、指向数组的指针、指向函数的指针、返回指针的函数和指针数组，以及不同指针类型变量的特点和使用方法。

注意指向任何数据类型的指针变量也是一种变量，在未赋值前其值是一个不确定的地址，若要正确使用指针变量，引用前首先要给其赋值。

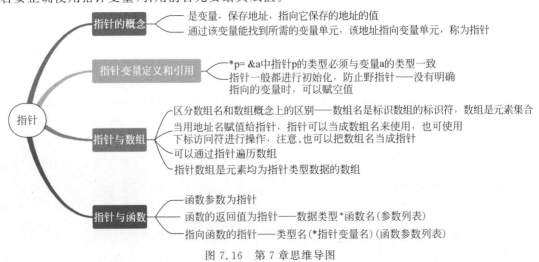

图 7.16 第 7 章思维导图

当指针变量作为函数的参数时,实参和形参共同占用同一段存储单元。这样既可对实参的值进行修改,又可节省存储空间,提高程序运行效率。

指针的灵活性给了编程人员提供了很大的发挥空间,虽然指针可以直接操作内存单元数据,但是对于每种不同的指针要注意它们的区别,不要混淆各种指针变量的含义,多动手编写程序进行验证,才能做到真正理解和掌握。

7.6 拓展习题

在线测试

1. 基础部分

（1）用函数和指针完成下述程序功能:有两个整数 a 和 b,由用户输入 1、2 或 3。如果输入 1,则给出 a 和 b 中的较大者;输入 2,则给出 a 和 b 中的较小者;输入 3,则求 a 与 b 之和。

（2）编写一个程序,在主函数中建立数组并输入 n 个数,调用自定义函数对这 n 个数进行排序,然后显示排序的结果(要求用指针作为函数参数进行传递)。

（3）用指针数组实现下述程序功能:0～6 分别代表星期日至星期六,当输入其中任意一个数字时,输出相应英文单词。

（4）求 10 个数中的最大值,通过函数返回最大值元素的地址的方法实现。

（5）编写函数,删除字符串的一部分,如果 substr 是 str 的子串,就删除 str 中 substr 部分。例如,str＝"ABCDEFG",substr＝"CDE",删除后 str＝"ABFG"并且函数返回 1。如果不是子串,就不修改 str,函数返回－1。

```
int del_substr(char * str, char const * substr)
```

（6）假设有一个班,3 个学生,各学 4 门课,计算总平均分并输出第 n 个学生的成绩。

2. 提高部分

（1）假设有 n 个学生围成一圈,顺序排号。从第 1 个学生开始报数(从 1 到 3 报数),报到 3 的学生退出圈子,到最后只留下一名学生,问最后留下的是原来的第几号学生。请编写函数,利用指针操作数组来解决该问题。

（2）编写一个函数,使用指针进行操作,将一个 3×3 的整型二维数组转置,即行列转换。

（3）编写一个程序,输入一行文字,使用指针遍历字符串,统计并输出其中大写字母、小写字母、空格、数字及其他字符的数量。

（4）用指针法实现字符串的复制。

7.7 拓展阅读

中国当代计算语言学的开拓者——冯志伟

冯志伟(见图 7.17),1939 年 4 月生,云南省昆明市人,计算语言学家,专门从事语言学和计算机科学的跨学科研究。冯志伟在 20 世纪 60 年代初期就已经学会了 4 门外语,而且能够使用这 4 种外语阅读数理语言学的外文文献。他取得这样的学习成绩,不仅是天赋,更多的是勤奋。为了学习英语,他就买来一本中型的英汉词典,一页一页地背诵,背完一页就撕去一页。几年下来,冯志伟先后撕完了英汉、俄汉、法汉、德汉、日汉等多部词典,他就用这样的笨方法,学会了多门外语。

"文革"期间,冯志伟在朋友们的帮助下,用了将近 10 年的时间,对数百万字的现代汉语文本(占 70%)和古代汉语文本(占 30%)进行手工查阅，从小范围到大范围逐步扩大统计的规模，建了 6 个不同容量的汉字频度表，最后根据这些汉字频度表，逐步地扩充汉字的容量，终于计算出了汉字的熵。

在法国留学期间，冯志伟在计算机上编写程序，进行潜心地钻研和反复地试验，提出了"多叉多标记树模型"(Multiple-labeled and Multiple-branched Tree Model，MMT 模型)。这个模型提出后，立即引起了国际计算语言学界的高度重视。冯志伟根据他提出的 MMT 模型，于 1981 年完成了汉—法/英/日/俄/德多语言机器翻译试验，建立了 FAJRA 系统(FAJRA 是法语、英语、日语、俄语、德语的法文首字母)，在 IBM-4341 大型计算机上，FAJRA 系统把二十多篇汉语的文章自动地翻译成英文、法文、日文、俄文、德文，当时在实验室工作的外国朋友亲眼看见他们视为天书的一篇篇汉语文章被计算机翻译成他们懂得的 5 种外国语之后，无不拍手叫绝。FAJRA 系统是世界上第一个实现汉语到多种外语的机器翻译系统，开创了多语言机器翻译系统之先河。

冯志伟从法国回国之后，在中国科技信息研究所计算中心担任机器翻译研究组的组长，在王力先生的鼓励之下，他利用当时北京遥感技术研究所的 IBM-4361 计算机，于 1985 年进行了德—汉机器翻译试验和法—汉机器翻译试验，建立了 GCAT 德—汉机器翻译系统和 FCAT 法—汉机器翻译系统，进一步检验了 MMT 模型分析汉语和生成汉语的能力，试验结果良好。

在北京大学"语言学中的数学问题"选修课讲稿的基础之上，冯志伟写出了中国第一部数理语言学的专著《数理语言学》，于 1985 年 8 月由上海知识出版社出版。接着，他又出版了《自动翻译》专著，深入地探讨自然语言机器翻译的理论和实践问题。这两本专著，受到了中国计算语言学界的欢迎。当时不少学习计算语言学的留学生，出国时都带着这两本书，作为入门向导，在这两本书的引导下，他们很快就接触到了国外计算语言学研究中的前沿问题。

图 7.17　冯志伟

冯志伟 20 世纪 80 年代使用 UNIX 操作系统和 INGRES 软件，建立了数据处理领域的中文术语数据库 GLOT-C，并且把这个数据库与 FhG 的其他语言的术语数据库相链接，可以快速地进行多语言术语的查询和检索，处理汉字(当时计算机上还没有成熟的中文操作系统)。GLOT-C 是世界上第一个使用汉字的中文术语数据库，具有开创作用。

2006 年，联合国教科文组织奥地利委员会(Austrian Commission for UNESCO)、维也纳市(City of Vienna)和国际术语信息中心(INFOTERM)给冯志伟教授颁发了维斯特奖(Wüster Special Prize)，以表彰他在术语学理论和术语学方法研究方面做出的突出贡献。

第8章　结构体与共用体

前面章节所学的数据类型都是分散的、互相独立的,例如,定义 int a 和 char b 两个变量,这两个变量是毫无内在联系的。但在实际生活和工作中,经常需要处理一些关系密切的数据,例如,描述学生的信息,包括学号、姓名、性别、年龄、成绩、家庭地址等数据,由于这些数据的类型各不相同,因此,要想对这些数据进行统一管理,仅靠前面所学的基本类型和数组很难实现。为此,C 语言提供了结构体等构造类型,它能够将相同类型或者不同类型的数据组织在一起,解决更复杂的数据处理问题。学习本章,要注意以下问题:

(1) 结构体定义和基本语法,包括结构体的定义、声明、初始化结构体变量、结构体成员的访问方式、结构体数组的定义、结构体指针等;

(2) 了解线性链表的概念及相关操作;

(3) 共用体的概念和特点,如何定义共用体及如何声明和访问共用体变量;

(4) 枚举类型的定义,枚举变量如何定义和引用;

(5) 自定义类型 typedef 的基本语法,理解使用 typedef 的优势及在实际中的应用。

8.1　结构体

视频讲解

结构体允许开发者将不同类型的数据项组织在一起。结构体中的每个数据项被称为“成员”,这些成员可以具有不同的数据类型,包括基本类型(如 int,char,float 等)和其他复合类型(包括其他结构体或数组)。结构体提供了一种方法,让开发者能够将相关数据项集中在一起并分配给一个变量。

▶ 8.1.1　结构体类型与结构体变量定义

结构体是一种构造数据类型,可以把相同或者不同类型的数据整合在一起,这些数据称为该结构体的成员。结构体类型定义的格式如下:

```
struct struct_name
{
  data_type member1;
  data_type member2;
  ...
};
```

其中:

struct 是一个关键字,表示这是一个结构体类型的定义。

struct_name 是结构体类型的名字,这个名字在后面声明结构体变量时会用到。

data_type 是成员的数据类型,它可以是任何有效的 C 语言数据类型,包括基本数据类型(如 int,float,char 等)和其他复合类型(如数组、指针、其他的结构体类型)。

member1,member2 等是成员的名字,可以根据实际需要定义多个成员。

假设定义一个学生结构体类型,学生信息包含学号(no)、姓名(name)、性别(sex)、年龄

（age）、班级（classno）、成绩（grade），示例如下。

```
struct student
{
    char no[10];                      //学号
    char name[10];                    //姓名
    char sex;                         //性别
    int age;                          //年龄
    int classno;                      //班级
    float grade[4];                   //4门课程的成绩
};
```

定义结构体变量有 4 种方式。

（1）先定义结构体类型，再定义结构体变量。例如：

```
struct student
{
    char no[10];                      //学号
    char name[10];                    //姓名
    char sex;                         //性别
    int age;                          //年龄
    int classno;                      //班级
    float grade[4];                   //4门课程的成绩
};
struct student student1,student2;
```

（2）定义结构体类型的同时，定义结构体变量。例如：

```
struct student
{
    char no[10];                      //学号
    char name[10];                    //姓名
    char sex;                         //性别
    int age;                          //年龄
    int classno;                      //班级
    float grade[4];                   //4门课程的成绩
}student1,student2;
```

（3）直接定义结构体变量，不出现结构体名。例如：

```
struct
{
    char no[10];                      //学号
    char name[10];                    //姓名
    char sex;                         //性别
    int age;                          //年龄
    int classno;                      //班级
    float grade[4];                   //4门课程的成绩
}student1,student2;
```

（4）成员是另一个结构体的变量。例如：

```
struct date                           //日期结构
{
    int month;                        //月
    int day;                          //日
    int year;                         //年
};
struct student
{
    char no[10];                      //学号
```

```
    char name[10];                    //姓名
    char sex;                         //性别
    int age;                          //年龄
    struct date birthday;
    int classno;                      //班级
    float grade[4];                   //4门课程的成绩
}student1,student2;
```

上述定义中,先定义了一个 struct date 结构体,它由 month(月)、day(日)、year(年)3个成员变量组成。在定义变量 student1,student2 时,其中的成员 birthday 被说明为 struct date 结构体类型。

定义结构体变量时,系统将为变量分配 sizeof(结构体类型)大小的存储空间,并且按照结构体类型定义中成员定义的顺序为各个成员变量分配内存空间,例如,student1 结构体变量的内存空间分配如图 8.1 所示。

图 8.1 student1 结构体变量内存空间分配

结构体是一种构造类型,它由多个成员变量组合而成。因此这种类型的变量所占内存的大小是所有成员变量所占内存大小的和。对于 struct student 来说,它所定义的变量所占内存的字节数为

```
sizeof(struct student)
 = sizeof(no) + sizeof(name) + sizeof(sex) + sizeof(age) + sizeof(classno) + sizeof(grade)
```

> Tips
> ① 结构体类型定义以关键字 struct 开头。
> ② 结构体变量的定义有4种方式:a.先定义结构体类型,再定义结构体变量;b.定义结构体类型的同时定义结构体变量;c.直接定义结构体变量,不出现结构体名;d.成员是另一个结构体的变量。

▶ 8.1.2 结构体变量的引用与初始化

1. 结构体变量的引用

引用结构体变量的时候应遵循以下规则。

(1)不能对一个结构体变量作为整体进行输入输出。只能对结构体变量中的各个成员变量分别进行输入输出。引用方式如下:

```
结构体变量名.成员名
```

例如:

```
student1.num
```

表示 student1 变量中 num 成员,可以对结构体变量的成员进行赋值:student1.age=20;。

(2)可以使用赋值运算符将一个结构体变量赋值给另一个相同类型的结构体变量。

例如：

```
student1 = student2;
```

表示将 student2 的所有成员变量的值分别赋值给 student1 对应的每个成员变量。

（3）如果成员变量本身又属于一个结构体类型，则要用若干成员运算符，一级一级地找到最低一级的成员，只能对最低一级的成员进行赋值或存取运算。例如：

```
student1.birthday.month = 10;
scanf("%d",&student1.birthday.day);
```

（4）对成员变量可以像普通变量一样进行符合其类型的各种运算。例如：

```
student1.sex = student2.sex;
strcpy(student1.name,"Zhang San");
sum = student1.grade[1] + student2.garde[1];
```

2. 结构体变量的初始化

结构体变量初始化，就是为结构体变量中的各个成员赋值。结构体初始化有两种方式。

（1）在定义结构体类型时定义结构体变量，同时对结构体变量初始化。

```
struct Person
{
    int ID;
    char name[10];
    char sex;
}p = {0001,"Zhang San",'M'};
```

（2）先定义结构体类型，之后定义结构体变量并对结构体变量初始化。

```
struct Person
{
    int ID;
    char name[10];
    char sex;
};
struct Person p = {0001,"Zhang San",'M'};
```

编译器在初始化结构体变量时，按照成员声明顺序从前往后匹配，而不是按照数据类型自动匹配。在初始化成员变量时，如果没有按顺序为成员变量赋值，或者只给一部分成员变量赋值，往往会匹配错误。

【素质拓展】 规范操作、精益求精

结构体数据类型允许用户根据需要自己建立数据类型，用它来定义变量，体现了结构体封装的思想，根据现实中的对象进行封装，为程序实现提供了更多的可能性，同时也要求开发人员按照结构体的标准规范进行操作，做到精益求精。这也是一种良好的行为习惯，良好的习惯使人在通往成功的道路上事半功倍。

【例 8.1】 结构体初始化示例。

【问题描述】 把一个学生的信息（包括学号、姓名、性别、住址）放在一个结构体变量中，然后输出这个学生的信息。

【问题分析】 先在程序中建立一个结构体类型，包括有关学生信息的各成员。然后用它来定义结构体变量，同时赋初值（学生的信息）。最后输出该结构体变量的各成员（即该学生的信息）。

【参考代码】

```c
# include < stdio.h >
struct Student                              //声明结构体类型
{
    long int num;
    char name[20];
    char sex;
    char addr[30];
}student1 = { 1001,"Zhang San",'M',"Beijing Road" };
//定义结构体变量 student1,并初始化
int main()
{
    printf ( " NO.:% ld\nname:% s\nsex:% c\naddress:% s\n", student1.num, student1.name,
student1.sex, student1.addr);
    return 0;
}
```

【代码分析】 程序中声明了一个结构体名为 Student 的结构体类型,有 4 个成员。在声明类型的同时定义了结构体变量 student1,这个变量具有 struct Student 类型所规定的结构。在定义变量的同时,进行初始化。在变量名 student1 后面的花括号中提供了各成员的值。最后用 printf()函数输出变量中各成员的值。

> Tips
> 初始化列表是用花括号括起来的一些常量,这些常量依次赋给结构体变量中的各成员。注意:是对结构体变量初始化,而不是对结构体类型初始化。

▶ 8.1.3 结构体数组

如果一个数组的元素为结构体类型,则称其为"结构体数组"。结构体数组与之前介绍的数值型数组的不同之处在于:每个数组元素都是一个结构体类型的数据,每个数组元素都分别包含结构体定义中的各个成员项。

定义结构体数组的两种方式。

(1)在定义结构体类型的同时定义结构体数组。例如:

```
struct 结构体名
{
    成员列表
}数组名[数组长度];
```

(2)先声明一个结构体类型(如 struct Person),然后再用此类型定义结构体数组。例如:

```
结构体类型 数组名[数组长度];
```

结构体数组中的每个元素都是一个结构体变量,因此,在为结构体数组中的元素赋值时,需要将值依次放到一对花括号中。

【例8.2】 结构体数组使用示例。

【问题描述】 有 n 个学生的信息(包括学号、姓名、成绩),要求按照成绩的高低顺序输出各学生的信息。

【问题分析】 用结构体数组存放 n 个学生信息,采用选择法对各元素进行排序(进行比较的是各元素中的成绩)。

【参考代码】

```c
#include<stdio.h>
#define N 5
struct Student                          //声明结构体类型
{
    int num;
    char name[20];
    float score;
};
int main()
{
    int i,j;
    struct Student stu[N] = { {1001,"wang",88},{1002,"li",85},{1003,"liu",98},{1004,"zhao",
95},{1005,"wu",87} };
    for ( i = 0; i < N - 1; i++ )        //选择排序
    {
        int k = i;
        for (j = i + 1; j < N; j++)
        {
            if (stu[j].score > stu[k].score)
                k = j;
        }
        if (k != i)                      //stu[k]和stu[i]互换
        {
            struct Student temp;
            temp = stu[i];
            stu[i] = stu[k];
            stu[k] = temp;
        }
    }
    printf("排序为: \n");
    for ( i = 0; i < N; i++ )
    {
        printf("%6d %8s %6.2f\n", stu[i].num, stu[i].name, stu[i].score);
    }
    return 0;
}
```

【代码分析】 在执行第1次外循环时变量i的值为0,经过比较找出5个成绩中最高成绩所在的元素的序号为k,然后将结构体变量 stu[k] 与结构体变量 stu[i] 对换(对换时借助临时变量 temp)。执行第2次外循环时i的值为1,参加比较的只有4个成绩了,然后将这4个成绩中最高成绩所在的元素与 stu[1] 对换。以此类推。注意,临时变量 temp 也应定义为 struct Student 类型,只有同类型的结构体变量才能互相赋值。运行结果如图8.2所示。

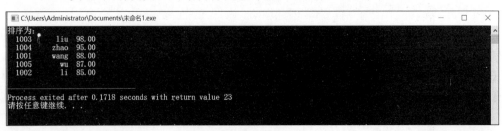

图 8.2　例 8.2 运行结果

8.1.4　结构体指针

1. 指向结构体变量的指针

结构体变量的指针就是该结构体变量所占据的内存段的起始地址。可以设一个指针变量，用来指向一个结构体变量，此时该指针变量的值是结构体变量的起始地址。指针变量也可以用来指向结构体数组中的元素。

下面是一个定义结构体指针的示例：

```
struct stu{
  char * name;                    //姓名
  int num;                        //学号
  int age;                        //年龄
  char group;                     //所在小组
  float score;                    //成绩
}stu1 = {"Tom", 12, 18, 'A', 136.5};
//结构体指针
struct stu * pstu = &stu1;
```

使用指向结构体变量的指针访问成员有以下两种方法：

（1）使用点运算符引用结构成员。引用形式如下：

```
( * pstu).成员名;
```

注意：* pstu 一定要使用括号，因为点运算符的优先级是最高的。

（2）指向运算符引用结构成员。引用形式如下：

```
pstu->成员名;
```

下列 3 种形式的效果是等价的：

（1）stu1.成员名　　　　（如 stu1.num）；

（2）(* pstu).成员名　　（如(* pstu).num）；

（3）pstu->成员名　　　 （如 pstu-> num）。

2. 用结构体变量和结构体变量的指针作函数参数

将一个结构体变量的值传递给另一个函数，有两种方法。

（1）用结构体变量作实参。用结构体变量作实参时，采取的是"值传递"的方式，将结构体变量所占的内存单元的内容全部按顺序传递给形参，形参也必须是同类型的结构体变量。在函数调用期间形参也要占用内存单元。这种传递方式在空间和时间上开销较大，如果结构体的规模很大时，开销是很惊人的。此外，由于采用值传递方式，如果在执行被调用函数期间改变了形参(也是结构体变量)的值，该值不能返回主调函数。

（2）使用指向结构体变量的指针作为函数参数。结构体指针变量用于存放结构体变量的首地址，将结构体指针作为函数参数传递时，其实就是传递结构体变量的首地址，在被调函数中改变结构体变量成员的值，那么主调函数中结构体变量成员的值也会被改变。

【例 8.3】　结构体变量指针作为函数参数示例。

【问题描述】　计算全班学生的总成绩、平均成绩以及 140 分以下的人数。

【问题分析】　通过一个结构体数据存储全班同学信息，定义一个 average()函数完成求全班学生的总成绩、平均成绩及人数统计的操作。

【参考代码】

```c
#include <stdio.h>
struct stu{
    char * name;                    //姓名
    int num;                        //学号
    int age;                        //年龄
    char group;                     //所在小组
    float score;                    //成绩
}stus[] = {
    {"Li Ping", 5, 18, 'C', 145.0},
    {"Zhang Ping", 4, 19, 'A', 130.5},
    {"He Fang", 1, 18, 'A', 148.5},
    {"Cheng Ling", 2, 17, 'F', 139.0},
    {"Wang Ming", 3, 17, 'B', 144.5}
};
void average(struct stu * ps, int len);
int main(){
    int len = sizeof(stus) / sizeof(struct stu);
    average(stus, len);
    return 0;
}
void average(struct stu * ps, int len){
    int i, num_140 = 0;
    float average, sum = 0;
    for(i = 0; i < len; i++){
        sum += (ps + i) -> score;
        if((ps + i) -> score < 140) num_140++;
    }
    printf("sum =%.2f\naverage =%.2f\nnum_140 =%d\n", sum, sum/5, num_140);
}
```

【代码分析】　通过结构体类型的指针变量 struct stu * ps 作为函数 average() 的参数,将班级学生结构体数组地址传递给处理函数 average(),通过结构体指针的+1 操作,完成全班同学遍历,求解总成绩 sum、平均成绩 average 和 140 分以下的人数 num_140。运行结果如图 8.3 所示。

```
C:\Users\Administrator\Documents\未命名1.exe                    —    □    ×
sum=707.50
average=141.50
num_140=2

Process exited after 0.1331 seconds with return value 0
请按任意键继续. . .
```

图 8.3　例 8.3 运行结果

视频讲解

8.2　线性链表

在本节中将通过结构体实现线性链表的高级数据结构。线性链表是一种动态地进行存储分配的数据结构,它的特点是用一组任意的存储单元存储线性表的数据,这种存储单元可以是连续的,也可以是不连续的,一个存储单元叫一个结点,每个结点包含下一个结点的指针变量。

▶ 8.2.1　动态内存分配

在 C 语言中,内存区域大体可划分为三部分:栈区、堆区以及静态区,如图 8.4 所示。比如,main 函数就是在栈上开辟的空间,使用的一般变量也都是存储在栈区上的,但是栈区空间有限,不能存储较大的数据,此时可以通过动态内存管理为这些"大数据"在堆区上开辟空间供其使用,用完后需要释放开辟的内存空间,除了存储"大数据"外,在堆区上开辟的空间还可以在执行程序时动态地分配内存(随意改变内存大小),如图8.4所示。

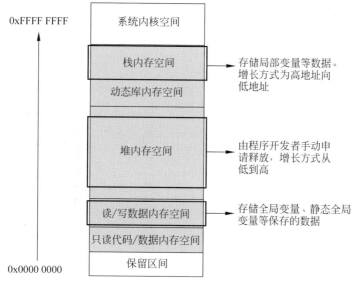

图8.4　C程序内存分布

动态分配内存通过 stdlib.h 头文件中的 malloc()、calloc()和 realloc()三个库函数来实现,当释放开辟的内存空间时,需要调用 free()函数来进行内存释放。

1. malloc()函数

函数原型：void * malloc(unsigned size)

功能：在内存的动态存储区中分配一连续空间,其长度为 size。

(1) 若申请成功,则返回一个指向所分配内存空间的起始地址且基类型为 void 的指针。

(2) 若申请不成功,则返回 NULL(值为 0)。

(3) 返回值类型为(void *),这是通用指针的一个重要用途。

将 malloc()函数的返回值通过强制类型转换为特定指针类型,赋给一个指针,通过对这个指针进行操作,就可以存取这个空间的数据。

动态分配 5 个整型大小的空间的代码如下。

```
int main()
{
    int * p = (int *)malloc(sizeof(int) * 5);     //申请 5 个 int 类型的空间
    if (p == NULL)
    {
        printf("申请失败!\n");
        return 1;                                  //结束程序
    }

    //申请成功
    //…… 使用 ……
    //释放
    free(p);
    p = NULL;                                      //需要置空,避免野指针
    return 0;
}
```

> Tips
> ① malloc()函数申请后要对其返回值进行强制类型转换。
> ② 申请空间的大小不必自己进行计算,通过 sizeof 配合目标数量。
> ③ 申请要合理,不要无限申请,使用后要通过 free 函数进行释放。

2. calloc()函数

函数原型: void * calloc(unsigned n, unsigned size)

功能:在内存的动态存储区中分配 n 个连续空间,每一存储空间的长度为 size,并且分配后把存储块里的内容全部初始化为 0。

(1) 若申请成功,则返回一个指向被分配内存空间的起始地址且基类型为 void 的指针。

(2) 若申请不成功,则返回 NULL。

3. free()函数

函数原型: void free(void * ptr)

功能:释放由动态存储分配函数申请到的整块内存空间,ptr 为指向要释放空间的首地址。

当某个动态分配的存储块不再用时,要及时将它释放。

```
//free 使用方法
int main()
{
    int * p = (int * )malloc(sizeof(int));      //向堆区申请1个整型的空间
    if (p == NULL)
        return 1;                               //申请失败的情况
    free(p);                                    //合理释放
    p = NULL;                                   //置空,避免野指针
    return 0;
}
```

> Tips
> free 释放的空间必须是已申请的空间,释放完后要将指向这块空间的指针置空。释放并不是指清空内存空间,而是指将该内存空间标记为"可用"状态,使操作系统在分配内存时可以将它重新分配给其他变量使用。

4. realloc()函数

函数原型: void * realloc(void * ptr, unsigned size)

功能:更改先前的存储分配,ptr 必须是先前通过动态存储分配得到的指针。参数 size 为新块空间大小。

(1) 如果调整失败,返回 NULL,同时原来 ptr 指向存储块的内容不变。

(2) 如果调整成功,返回一片能存放大小为 size 的区块,并保证该块的内容与原块一致。如果新块的空间大小 size 小于原块的大小,则内容为原块前 size 范围内的数据;如果新块更大,则原有数据存在新块的前一部分。

(3) 如果分配成功,原存储块的内容就可能改变了,因此不允许再通过 ptr 去使用它。

```
//realloc 使用方法
int main()
{
```

```
int * p = (int *)malloc(sizeof(int) * 5);        //只申请了 5 个整型大小的空间
if (p = = NULL)
    return 1;
int i = 0;
int * ptr = (int *)realloc(p, sizeof(int) * 10);  //扩容为 10 个整型大小的空间
if (ptr = = NULL)
    return 1;
free(ptr);                                         //释放
ptr = p = NULL;                                    //置空
return 0;
}
```

▶ 8.2.2　链表的概念

链表是一种基本的数据结构,它由一系列结点组成,每个结点包含一个值和指向下一个结点的指针。链表的特点是可以动态添加和删除结点,而不需要预先知道数据的数量,非常适用于需要动态添加或删除元素的数据集合。与数组不同,链表中的结点不一定是连续的存储空间,便于在任意位置插入或删除结点,因此可以有效地利用内存空间。链表通常使用结构体或类来实现。例如,在 C 语言中,可以使用结构体来定义链表结点,包含数据部分和指针部分。

例如,做一个班级信息管理系统,统计班级学生的信息。班级人数是未知的,或者已知人数,但是人员可能发生变化,比如,有新同学加入,有同学转学,又或者需要统计班级的平均成绩等。下面介绍通过链表实现的思路。

把每个学生信息的结构体封装为一个结点,在每个学生信息中保存下一个学生信息的存放地址,为此在描述学生信息的结构体中增加一个成员变量,变量的类型为描述学生信息的结构体指针类型。那么通过一个结点可以找到下一个结点,这样的"环环相扣"就好像一条链子,这种数据结构称为线性链表,线性链表分为单向链表和双向链表,本书重点介绍单向链表,以下简称其为链表。

根据以上分析,链表中的结点应定义为结构体类型,而且该类型中应该有一个指向下一个结点的指针变量,称为指针域,其余的成员变量称为数据域,用来描述其他信息,如学生信息中的学号、姓名等。下面以学生成绩链表结点为例,定义结点结构体如下:

```
struct Student
{
  int no;
  float score;
  struct Student * next;
};
```

上面的结构体中有一个成员的基类型就是本结构体的类型,这样的结构体称为可以引用自身的结构体。利用这种结点结构体就可以定义多个结构体变量(结点),而且第一个结点的指针域存储第二个结点的首地址,第二个结点的指针域存储第三个结点的首地址……最后一个结点不指向任何一个结点,因此它的指针域可以置为空(NULL),如图 8.5 所示。

```
head → no score next → no score next → no score next … → no score NULL
```

图 8.5　链表的基本结构

使用链表,就可以解决本节开始时提出的问题,把每个学生的信息定义为一个 struct Student 类型的结点,可以采用动态分配内存的方式为其分配内存空间。班级里有多少个学生就建立多少个结点。若某个学生退学或转学,则可以删除其对应的结点,释放内存空间,从

而实现对内存空间的有效利用。同时，由于结点内存单元的不断申请与释放，各结点间的地址将可能不连续，但这不会影响对所有学生信息的处理，因为每个结点都通过指针域进行连接。这就是链表的作用。

从图 8.5 可以看出，每个链表都用一个"头指针"指向链表的开始，如图 8.5 中的 head。在 head 中存放链表第一个结点的地址，这个头结点的数据域中不存放数据。上述链表的每个结点只有一个指针域，指向存放下一个结点的地址，因此称为单向链表。

▶ 8.2.3 链表的操作

链表的基本操作主要有链表的建立、查找、插入、删除、输入输出访问等。其中链表的建立从某种程度上来说就是对一个新的链表插入新结点的过程，而链表的查找和输出都是对链表进行遍历的过程。下面定义一个简单的学生成绩结点，并据此进行详细介绍。

```
struct Linknode
{
    int no;
    float score;
    struct Linknode  * next;
};
```

1. 建立链表

从图 8.5 中可以看出，链表中的元素在内存中可以不连续，所以要找某一个元素，必须先找到它的上一个元素，根据上一个元素提供的地址才能找到所需要的元素。如果不提供"头指针"(head)，则整个链表都无法访问。链表如同一条链子一样，环环相扣，中间不能断开。

建立链表的步骤如下。

（1）定义变量 head、tail、pnew。

head——指针类型，指向链表的第一个结点，即头结点。

tail——指针类型，指向链表的最后一个结点，即尾结点。

pnew——指针类型，代表新申请的结点，也就是待插入链表中的结点。

（2）建立最初的链表。

建立链表是一个从无到有的过程。因此最初有：

```
head = NULL;
tail = NULL;
```

（3）申请新结点。

首先为新结点动态分配内存空间，并让 pnew 指向新申请内存空间的首地址，具体如下：

```
pnew = (struct Linknode * )malloc(sizeof(struct Linknode));
```

其次为新申请结点设置数据域，可以通过直接赋初值的方式，也可以通过输入的方式，具体如下：

```
pnew - > no = 1;
```

或者

```
scanf(" % d",&pnew - > no);
```

（4）设置新申请结点的指针域。

作为新生成结点，它没有下一个结点，因此要设置其指针域为 NULL，具体如下：

```
pnew -> next = NULL;
```

（5）将新申请的结点插入链表的最后。

将新申请的结点插到链表最后的步骤如下。

① 将新结点链接到表最后，这时需要考虑两种情况，即链表为空和链表为非空。

如果链表为空，则头结点 head 为新申请的结点 pnew，head＝pnew；如果链表非空，则应将 pnew 插入尾结点 tail 之后，tail-> next＝pnew。

② 将新结点设置成尾结点，因为新申请的结点要插入链表尾部，所以尾结点 tail 应该修改为 pnew，tail＝pnew。

步骤（3）～（5）的 N-S 流程图如图 8.6 所示。

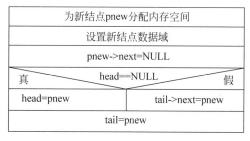

图 8.6　建立链表的 N-S 流程图

【例 8.4】　建立链表示例。

【问题描述】　编写创建链表的 Create() 函数，利用该函数输入学生的信息，然后在 main() 函数中调用 Create() 函数，显示输入的结果。

【参考代码】

```
# include < stdlib. h >
# include < stdio. h >
struct Linknode
{
    int no;
    float score;
    struct Linknode * next;
};
struct Linknode * Create ()
{
    struct Linknode * head = NULL, * tail = NULL, * pnew;
    int no;
    float score;
    while(1)                          //创建线性链表
    {
        printf("Input the new no and score, input 0 then exit:\n");
        scanf("%d%f", &no, &score);
        if(no == 0)                    //数据为0时退出循环
            break;
        //创建一新结点,分配内存空间
        pnew = (struct Linknode *)malloc(sizeof(struct Linknode));
        if(pnew == NULL)
        {
            printf("No enough memory!\n");
            return (NULL);
        }
        pnew -> no = no;               //为新结点数据域赋值
        pnew -> score = score;
```

```
    pnew -> next = NULL;
    if( head = = NULL)                      //如果原链表为空
        head = pnew;                        //新结点就是头结点
    else
        tail -> next = pnew;                //否则,将新结点插入链表尾部
    tail = pnew;                            //新结点成为新的尾结点
    }
    return head;
}
main()
{
    struct Linknode * p;
    p = Create();
    while(1)
    {
        printf("% d % 6.2f\n",p -> no,p -> score);
        p = p -> next;
        if(p = = NULL)
            break;
    }
}
```

【代码分析】 创建链表函数 Create()中,当不满足输入截止条件(no 为 0)时,通过 malloc(sizeof(struct Linknode))构造新的结点,然后将新结点插入线性链表的尾部。程序运行结果如图 8.7 所示。

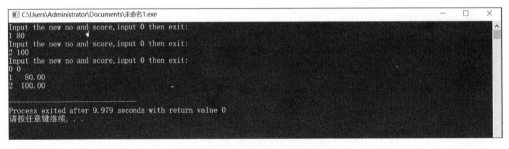

图 8.7　例 8.4 运行结果

> Tips
> ① 当链表为空时,将链表头直接指向待添加结点(该结点成为了链表的第一个结点)。
> ② 链表不为空时,首先遍历链表找到链表尾结点,然后将待添加结点挂接到尾结点上。

2. 查找结点

查找是按照给定条件对链表进行遍历,必须从头结点 head 开始查找。如果找到,则返回找到结点的地址,查找成功;否则查找失败,返回 NULL。

链表作为一种物理存储单元上非连续、非顺序的存储结构,不能像数组一样利用下标进行遍历,但链表的指针域包含了后继结点的存储地址,可依此对链表的结点进行遍历。

【例 8.5】 按索引查找链表中结点示例。

【问题描述】 编写一个 Search()函数,实现按照结点在链表中的位置进行查找,即索引,例如,查找链表中第 n 个结点的学生信息。

【参考代码】

```
struct Linknode * Search(struct Linknode * head, int n)
{
  int i = 1;
  struct Linknode * p = head;
  for(p = head;p!= NULL;p = p - > next, i++ )
    if(i = = n) break;
    if(i < n)
      return NULL;
    else
      return p;
}
```

【代码分析】　从链表的查找可以看出链表的一个缺点,链表不能像数组那样实现数据的随机存取,必须从头结点开始进行遍历。

【拓展思考】　如果将查找条件改为按学号进行查找,应如何修改代码?

3. 在链表中插入结点

首先找到要插入结点的位置,类似于链表的查找过程。

然后对链表进行插入结点操作,此时应遵循先连后断的原则。

例如,在图 8.8 中,要在 p 和 q 两个结点之间插入 r 结点,先将 r 结点的 next 域指向 q 结点,然后将 p 结点的 next 域指向 r 结点,断开原来 p 和 q 结点间的连线。这样通过 p 结点就可以找到 r 结点,通过 r 结点又可以找到 q 结点,r 结点就插入链表中了。

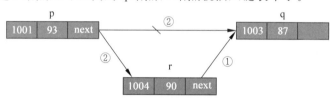

图 8.8　在链表的 p 结点和 q 结点之间插入一个新的 r 结点

注意:要先设置新结点的 next 域,即用新结点的 next 域先将其前方结点的 next 域继承下来,再设置新结点前方结点的 next 域。

【例 8.6】　插入链表结点示例。

【问题描述】　编写在链表中完成插入结点操作的 Insert( )函数,在结点 p 之后插入结点 r。

【参考代码】

```
void Insert(struct Linknode * p, struct Linknode * r)
{
  r - > next = p - > next;
  p - > next = r;
}
```

【拓展思考】　如果要将结点插入原来的第一个结点之前,应如何操作?

4. 删除结点

要想删除结点 p 的后继结点 r,只要让结点 p 指向结点 r 的后继结点,然后释放结点 p 的后继结点(即结点 r)的空间就行了。删除后的链表如图 8.9 所示。为了释放结点 r 的空间,应在将结点 p 指向结点 r 的后继结点之前,先把 p 的后继结点提前保存下来。

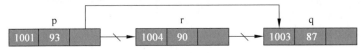

图 8.9　在链表中删除结点 r

> **注意**：在链表中删除结点应遵循先接后删的原则。

【例 8.7】 删除链表结点示例。

【问题描述】 编写在链表中完成删除结点操作的 Delete()函数（删除结点 p 的后继结点）。

【参考代码】

```
void Delete(struct Linknode * p)
{
  struct Linknode * r = NULL;
  r = p->next;                      //r 指向要删除的结点
  p->next = r->next;                //删除结点 r
  free(r);                          //释放被删除结点的内存单元
}
```

【拓展思考】 如果待删除结点是链表的第一个结点，该如何操作？

5. 链表的输出

当进行链表的输出操作时，仍要对链表中的结点进行遍历，同时在遍历的过程中，进行显示数据域的值的操作。

基本思想：使指针 p 指向单链表的头指针 head，输出其数据值，接着通过 p 结点的指针域 next 获得下一个结点的地址，让指针 p 指向下一个结点，再输出其数据值，按此进行下去，直到输出尾结点的数据项为止，即 p 为 NULL 为止。

【例 8.8】 输出链表示例。

【问题描述】 编写完成输出链表操作的 Display()函数。

【参考代码】

```
void Display(struct Linknode * head)
{
  struct Linknode * p;
  for(p = head; p!= NULL; p = p->next)
    printf("Num: % d, Score: % f\n", p->no, p->score);
}
```

例 8.4 中的 main()函数已经给出了输出链表的方法。

链表算法具有动态扩展、灵活插入和删除等优点，但同时也存在内存使用效率低、访问效率低、不连续存储和实现复杂等缺点。在选择使用链表算法时，需要根据具体的应用场景和需求进行权衡。当然，链表还有很多其他复杂的应用，如双向链表、循环链表、链表排序、通过线性链表实现先进后出（First In Last Out）的栈结构、先进先出（First In First Out）的队列结构等，它们在更复杂的数据结构和算法中有着广泛应用。

【素质拓展】　尺有所短、寸有所长

对比线性链表和数组的优缺点和适用性，体现了尺有所短、寸有所长的道理，同学们应用时可以根据实际情况进行选择，同时，在生活和学习中也要养成扬长避短、物尽其用的做事态度。

视频讲解

8.3　共用体

共用体类型也是一种构造数据类型,在共用体变量中,可以把几种不同类型的数据存放在同一段内存中。与结构体完全不同的是,结构体变量中的成员各自占有自己的存储空间,而共用体中所有的成员占用同一段内存空间。对共用体后面赋值的成员变量将覆盖前面的成员变量,因此不能同时对各成员进行变量赋值。

▶ 8.3.1　共用体类型定义

共用体类型的定义跟结构体类型的定义格式基本相同,仅仅是关键字不同。结构体的关键字是 struct,共用体是 union。共用体类型定义的一般格式如下:

```
union 共用体名
{
    数据类型名 1 共用体成员变量名 1;
    数据类型名 2 共用体成员变量名 2;
    …
    数据类型名 n 共用体成员变量名 n;
};
```

例如:

```
union data
{
    int i;
    char ch;
    double f;
}
```

上述共用体类型 data 包含 3 个成员变量。它们共用同一地址的内存单元,如图 8.10 所示。共用体所占内存的大小是其成员中占内存最大的成员的大小。data 的成员中,变量 f 所占内存最大,占 8 字节的内存空间,因此,data 大小也是 8 字节。

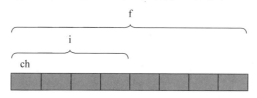

图 8.10　共用体类型变量使用内存

结构体类型中的每一个成员变量都占用独立的内存空间,而共用体类型中的成员变量则共享同一段内存单元。如果把前面定义的 data 共用体类型定义成结构体类型,则所占的存储空间如下:

$$\text{sizeof(int)} + \text{sizeof(char)} + \text{sizeof(double)} = 4 + 1 + 8 = 13\text{B}$$

▶ 8.3.2　共用体变量定义与引用

1. 共用体变量的定义

与结构体变量的定义方法类似,共用体变量定义也有 3 种方法。下面通过实例说明共用体变量的定义方法。

（1）先定义共用体类型，再定义共用体变量。例如：

```
union data
{
    int i;
    char ch;
    double f;
};
union data x,y[10];
```

（2）在定义共用体类型的同时，定义共用体变量。例如：

```
union data
{
    int i;
    char ch;
    double f;
} x,y[10];
```

（3）省略共用体名，定义共用体变量。例如：

```
union
{
    int i;
    char ch;
    double f;
} x,y[10];
```

2. 共用体变量的引用

共用体变量的引用格式与结构体变量的引用格式相同，如果通过共用体变量来引用其成员变量，则用“.”运算符；如果通过共用体指针来引用其成员变量，则用“->”运算符。例如，有下述定义语句：

```
union data x,y[10], * p;
 * p = &x;
```

则引用其成员变量的方式为 x.i,x.ch,x.f,y[0].i,y[0].ch,y[0].f,p->i,p->ch,p->f 等。

▶ 8.3.3　共用体变量赋值

共用体变量的赋值可以分为在定义时赋初值，以及定义后在程序中赋值两种。

1. 定义时给共用体变量赋初值

在定义共用体变量时赋初值，只能给第一个成员赋初值，不能像结构体一样给所有成员赋初值。例如：

```
union data x = {20};              //把 20 赋给了成员 i
union data x = {'A'};             //把'A'赋给了成员 i,即 i 的值为 65
union data x = {20,'B',6.5};      //这种赋值是错误的,{}中只能有一个值
union data x = 20;                //这种赋值是错误的,初值必须用“{”和“}”括起来
```

2. 在程序中给共用体变量赋值

共用体变量定义以后，如果要对其赋值，只能对其成员赋值，不能对其整体赋值。例如：

```
union data x,y[10], * p;
x.i = 10;
p = &x;
p - > f = 6.5;
y[0].i = 'A';
```

与结构体变量一样,相同类型的共用体变量之间可以相互赋值。例如:

```
union data x = {20}, y;
y = x;
```

注意:(1)由于共用体变量所有成员共用同一段内存空间,所以只有最后一次赋值的共用体成员的值有效,之前赋值的成员值将被覆盖。例如:

```
union data x;
x.i = 10; x.ch = 'A'; x.f = 6.5;
```

执行上述语句后,只有 x.f 的值是有效的,x.i 和 x.ch 无意义了。

(2)由于共用体变量所有成员共用同一段内存空间,所以共用体变量与其各成员的地址是相同的,即 & x.i,& x.ch,& x.f,& x 的地址是相同的。

【**例 8.9**】　共用体使用示例。

【**问题描述**】　现有一张关于学生信息和教师信息的表格(表 8.1)。学生信息包括姓名(Name)、编号(Num)、性别(Sex)、职业(Profession)、分数(Score);教师的信息包括姓名(Name)、编号(Num)、性别(Sex)、职业(Profession)、教学科目(Course)。请看下面的表格,使用共用体编程完成。

表 8.1　例 8.9 学生和教师信息表格

Name	Num	Sex	Profession	Score/Course
HanXiaoXiao	501	f	s	89.5
YanWeiMin	1011	m	t	math
LiuZhenTao	109	f	t	English
ZhaoFeiYan	982	m	s	95.0

【**问题分析**】　如果把每个人的信息都看作一个结构体变量的话,那么教师和学生的前 4 个成员变量是一样的,第 5 个成员变量可能是 Score 或者 Course。当第 4 个成员变量的值是 s 时,第 5 个成员变量就是 Score;当第 4 个成员变量的值是 t 时,第 5 个成员变量就是 Course。可以设计一个包含共用体的结构体。

【**参考代码**】

```c
# include < stdio.h>
# define TOTAL 4                              //人员总数

struct{
    char name[20];
    int num;
    char sex;
    char profession;
    union{
        float score;
        char course[20];
    } sc;
} bodys[TOTAL];
int main(){
    int i;
    //输入人员信息
    for(i = 0; i < TOTAL; i++ ){
        printf("Input info: ");
        scanf("%s %d %c %c", bodys[i].name, &(bodys[i].num), &(bodys[i].sex), &(bodys[i].profession));
        if(bodys[i].profession == 's'){          //如果是学生
```

```
            scanf("%f", &bodys[i].sc.score);
        }else{                                    //如果是教师
            scanf("%s", bodys[i].sc.course);
        }
    }
    //输出人员信息
    printf("\nName\t\tNum\tSex\tProfession\tScore / Course\n");
    for(i = 0; i < TOTAL; i++ ){
        if(bodys[i].profession == 's'){           //如果是学生
            printf("%s\t%d\t%c\t%c\t\t%f\n", bodys[i].name, bodys[i].num, bodys[i].sex,
bodys[i].profession, bodys[i].sc.score);
        }else{                                    //如果是教师
            printf("%s\t%d\t%c\t%c\t\t%s\n", bodys[i].name, bodys[i].num, bodys[i].sex,
bodys[i].profession, bodys[i].sc.course);
        }
    }
    return 0;
}
```

【代码分析】 在信息输入和输出时，通过对结构体成员 Profession 的判断，来决定共同体 sc 的内容。程序运行结果如图 8.11 所示。

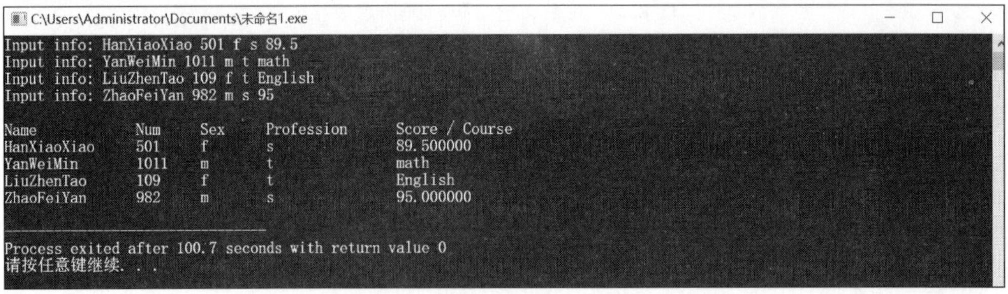

图 8.11　例 8.9 运行结果

8.4　枚举类型

枚举类型是一种用户自定义的数据类型，它允许为一组相关的整数值定义一个名称，并在程序中使用这个名称来表示这些值。枚举类型在编程中有很多应用场景，例如，系统设计、编程实践和代码优化等。使用枚举类型，可以使代码更易读、更易于维护，同时也可以提高代码的可扩展性和可重用性。

▶ 8.4.1　枚举类型定义

在 C 语言中，枚举类型的定义使用关键字 enum，语法格式如下：

```
enum 枚举类型名 {

    枚举常量1,
    枚举常量2,
    ...
};
```

其中，枚举类型名是自定义的枚举类型名称，枚举成员列表是由逗号分隔的枚举成员组成的，每个成员都表示一个整数值。在定义枚举类型时，可以为每个成员指定一个名称和对应的整数值,或者只指定名称而不指定整数值。示例如下。

```
enum Color { RED, GREEN, BLUE };              //未指定整数值,默认隐式赋值从 0 开始
enum Weekday { SUNDAY = 1, MONDAY, TUESDAY, WEDNESDAY, THURSDAY, FRIDAY, SATURDAY };
                                              //指定整数值,SUNDAY 被显式赋值为 1,后面的枚举成员
                                              //依次自动递增 1
```

在上面的例子中,第一个枚举类型定义了 3 种颜色作为枚举成员,每个成员都没有指定整数值;而第二个枚举类型则定义了一周的 7 天作为枚举成员,并为每个成员指定了一个整数值。

枚举类型的成员分为两种类型:未指定整数值的成员和指定整数值的成员。未指定整数值的成员的整数值默认从 0 开始依次递增,而指定整数值的成员的整数值则按照指定的整数值进行定义。在上面的例子中,第一个枚举类型中的成员 RED 的整数值为 0,GREEN 的整数值为 1,BLUE 的整数值为 2;而第二个枚举类型中的成员的整数值则分别对应 1~7。

▶ 8.4.2 枚举变量定义与引用

枚举类型变量定义有三种定义方法。

(1) 先定义枚举类型,再定义枚举类型变量。格式如下:

```
enum 标识符{枚举数据表};
enum 标识符 变量表;
```

(2) 在定义枚举类型的同时,定义枚举类型变量。格式如下:

```
enum 标识符{枚举数据表} 变量表;
```

(3) 直接定义枚举类型变量。格式如下:

```
enum{枚举数据表}变量表;
```

例如,对枚举类型 enum color,定义枚举变量 c1、c2:

```
enum color{red,yellow,blue,white,black};
enum color c1, c2; 或 enum color{red, yellow, blue, white, black}c1, c2; 或 enum{red, yellow, blue,
white,black}c1,c2;
```

枚举类型数据可以进行赋值运算。枚举类型是有序类型,枚举类型数据还可以进行关系运算。枚举类型数据的比较转化成对序号进行比较,只有同一种枚举类型的数据才能进行比较。

枚举成员的引用是通过枚举类型名称和成员名称进行的。注意:不可以通过.操作符来引用枚举成员的值,因为枚举成员不是结构体或类的成员。

```c
# include < stdio. h >
enum Color {
    RED,
    GREEN,
    BLUE
};
int main() {
    enum Color myColor;                    //声明一个枚举变量
    myColor = BLUE;                        //设置枚举变量的值为 BLUE
    if (myColor = = RED) {
        printf("颜色是红色\n");
    } else if (myColor = = GREEN) {
        printf("颜色是绿色\n");
    } else if (myColor = = BLUE) {
        printf("颜色是蓝色\n");
    }
    return 0;
}
```

说明：定义了一种 Color（三原色）类型，枚举的可能取值有 RED（红）、GREEN（绿）、BLUE（蓝），通过判断枚举变量 myColor 的值执行相应的操作。

8.5 自定义类型

除了可以直接使用 C 语言提供的标准类型名（如 int,char,float,double 和 long 等）和程序编写者自己声明的结构体、共用体、枚举类型外，还可以用关键字 typedef 指定新的类型名来代替已有的类型名。这个功能非常有用，因为它可以让程序员更加清晰地表达自己的意图。在实际编程中，有很多情况下需要使用比较复杂的数据类型，比如结构体、指针等。如果每次都使用原始的数据类型名称来进行定义和声明，那么代码就会变得冗长和难以理解。而通过关键字 typedef，程序员可以为这些复杂的数据类型定义一个简洁的名称，方便在代码中使用。

基本语法如下：

```
typedef 原类型 新类型名;
```

其中，原类型可以是任何一种现有的 C 语言数据类型，如 int、float、char 类型等。新类型名则是程序员自己定义的数据类型名称。使用关键字 typedef 时，必须注意将原类型放在关键字 typedef 后面，而将新类型名放在分号之前。

（1）用一个新的类型名代替原有的类型名，例如：

```
typedef int Integer;            //指定 Integer 为类型名,作用与 int 相同
typedef float Real;             //指定 Real 为类型名,作用与 float 相同
```

指定 Integer 代表 int 类型，Real 代表 float 类型。这样，以下两行等价：

```
int i,j;                        float a,b;
Integer i,j;                    Real a,b;
```

（2）命名一个新的类型名代表结构体类型，例如：

```
typedef struct
{
    int month;
    int day;
    int year;
} Date;
```

以上声明了一个新类型名 Date，代表上面的一个结构体类型，然后可以用新的类型名 Date 去定义变量，例如：

```
Date birthday;                  //定义结构体类型变量 birthday
Date * p;                       //定义结构体指针变量 p,指向此结构体类型数据
```

（3）命名一个新的类型名代表数组类型，例如：

```
typedef int Num[100];           //声明 Num 为整型数组类型名
Num a;                          //定义 a 为整型数组名,它有 100 个元素
```

（4）命名一个新的类型名代表指针类型，例如：

```
typedef char * String;          //声明 String 为字符指针类型
String p, s[10];                //定义 p 为字符指针变量,s 为字符指针数组
```

（5）命名一个新的类型名代表指向函数的指针类型，例如：

```
typedef int ( * Pointer)();        //声明 Pointer 为指向函数的指针类型,该函数返回整型值
Pointer pl, p2;                    //p1,p2 为 Pointer 类型的指针变量
```

通过自定义类型可以使代码更加简洁易读,通过 typedef 为结构体、指针、函数指针等数据类型定义新的名称,方便在代码中使用。在使用 typedef 时,需要注意一些细节,比如,新类型名的命名、作用域、不要与已有类型名冲突等,从而保证代码的正确性和可读性。

8.6　本章小结

本章所涉及的知识思维导图如图 8.12 所示。本章介绍了自定义的数据类型:结构体、共用体、用户自定义类型和枚举类型。重点介绍了结构体类型的定义及使用方法。结构体类型、共用体类型的定义可以相互嵌套,要注意被嵌套的类型必须先进行定义。

对于结构体变量,它与数组都属于构造类型,但两者之间最大不同的是结构体中包含了不同数据类型的数据,且结构体变量之间可以进行直接赋值。当然使用最多的是通过结构体变量,对结构体成员进行操作。对结构体成员的操作主要有 3 种方法:结构体变量名.成员名、(* 指向结构体的指针变量名).成员名和指向结构体的指针变量名->成员名。

若将结构体变量作为函数参数,则进行的是值传递;若将结构体数组或指向结构体的指针变量作为函数参数,则进行的是地址传递。为提高程序的运行效率,在实际操作中更多的是采用地址传递。

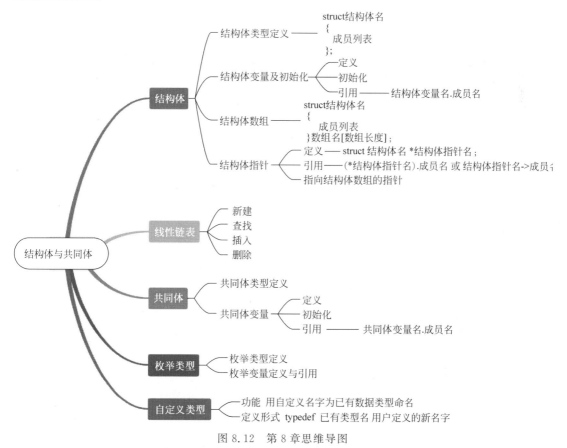

图 8.12　第 8 章思维导图

链表是一种动态存储结构，它是一种非随机存取的数据结构，链表中所有的操作都是从头指针开始的。建立链表的过程就是不断向系统申请存储空间的过程。用户在链表中可以随时插入和删除结点，无须事先定义所需的存储空间。在这种数据结构下进行操作，既可以节省存储空间，又可以提高程序运行效率。

在线测试

8.7 拓展习题

1. 基础部分

（1）设有如下定义：

```
struct person
{
  char name[16];
  int age;
};
struct person class[10] = {"John",17,"Paul",19,"Mary",18,"Adam",16};
```

根据以上定义，下述语句中能输出字母 M 的语句是（　　）。

    A. printf("%c\n",class[3].name[0]);

    B. printf("%c\n",class[3].name[1]);

    C. printf("%c\n",class[2].name[1]);

    D. printf("%c\n",class[2].name[0]);

（2）设有以下定义和语句：

```
struct st
{
  int n;
  struct st * next;
};
struct st a[3], * p;
a[0].n = 5;
a[0].next = &a[1];
a[1].n = 7;
a[1].next = &a[2];
a[2].n = 9;
a[2].next = '\0';
p = &a[0];
```

则以下值为 6 的表达式是（　　）。

    A. p++-> n　　　　B. p-> n++　　　　C. ++(* p).n　　　　D. ++ p-> n

（3）如果已经建立了如图所示的链表结构，指针 p,q 分别指向图中所示结点：

```
        data  next          p↓
head →  [   |   ] → ··· → [ X |   ] → [ Y | \0 ]

                                  q↓
                                [ Z |   ]
```

则以下语句中，不能把 q 所指的结点插到链表末尾的语句组是（　　）。

    A. q-> next＝NULL;　　p＝p-> next;　　p-> next＝q;

    B. p＝p-> next;　　q-> next＝ p-> next;　　p-> next＝q;

    C. p＝p-> next;　　q-> next＝ p;　　p-> next＝q;

　　D. p=(*p).next; (*q).next=(*p).next; (*p).next=q;

　　（4）设有以下职工信息，使用结构体数组存储这些信息，从键盘输入5条记录，之后在屏幕上依次输出职工信息。

```
struct stuff{
int stuffID;                              //职工编号
float bonus;                             //工资
};
```

　　（5）设有以下银行卡信息：

```
struct card{
    int id;                               //银行卡号
    int bonus;                            //金额
};
```

　　请编写程序，从键盘输入5条银行卡记录，使用结构体数组存储这些数据，并按金额升序排序，输出排序后的结果。

2．提高部分

　　（1）设有以下学生信息，使用结构体数组存储这些信息：

```
struct student{
int num;                                 //学号
int computer;                            //计算机成绩
}s[5]={{101,75},{103,80},{104,85},{106,90}};
```

再输入一条新记录，插入结构体数组中，让5条记录按计算机成绩升序输出。

　　（2）用动态数组产生n个[40,100]的随机数，并采用冒泡排序法排序。

　　（3）输入两个链表，a和b分别是两个链表的头指针，将链表b合并到链表a中，输出合并后的链表a。

8.8　拓展阅读

唯一一位图灵奖华人——姚期智

　　姚期智（见图8.13），1946年12月生，祖籍湖北孝感，生于上海，幼年随父母移居台湾，计算机科学家，2000年图灵奖得主，是目前唯一一位获得此奖项的华人。姚期智开创了计算机科学的新趋势，他通过建立创新的计算和通信基础理论，为各个领域的前沿研究做出了巨大贡献，尤其在安全、安全计算和量子计算方面。他的成就会继续影响当前现实世界的问题，如安全、安全计算和大数据处理问题。

　　1977年，姚期智首次在用计算算法解决问题时建立了姚极小极大原理（Yao's minimax principle），作为随机算法与使用冯·诺依曼极小极大值定理的确定性算法相比的最坏情况复杂度的基础。1979年，姚期智提出了两个人通过通信进行合作计算的模型，并引入了通信复杂度（communication complexity）概念——一种根据通信负荷来衡量计算问题难度的方法。此外，他还提供了一种新的分析方法。通信复杂度理论非常新颖，在计算理论研究领域掀起了巨大反应，为电路复杂度、并行和分布式计算、数据结构和流计算等许多重要模型提供了理论基础。之后，姚期智的研究演变成考虑通信安全和隐私的理论。

　　1981年，姚期智提出了使用公钥加密的信息和通信系统的完全安全性的理论定义（即Dolev-Yao模型），该定义在20世纪80年代初被越来越多地使用。同时，他也提出了评估通信方法安全性的标准模型。1982年,在计算的基础上,他将计算熵引入香农的通信量理论和通信安全理论。然后他将这一概念应用到使用单向函数来量化安全的安全性,从而为测试(Yao's test)伪随机数生成提供了一种计算方法,对密码学和计算理论产生重要意义。

此外,姚期智还研究了基于通信的安全计算协议的数学完整模型,并提出了一种创新的安全计算方法。该方法帮助许多个体进行安全计算,并保护人们的信息隐私。通过对姚氏百万富翁问题(Yao's millionaires' problem),即"两个富人在不透露自己财富的情况下比较谁更富有"的洞察,他提出了一个严格的模型,说明确保信息隐私和安全必须满足的条件。该模型以接近单个二进制电路的效率说明了安全计算的原理。这是信息安全领域一项里程碑式的成就。

图8.13　姚期智

2004年,姚期智出任清华大学计算机科学专业教授。"不论身处何处,我们在中国文化中成长的人,从来都不会忘记自己是中华儿女。能够为国家培养世界一流的计算机人才,能够在祖国做出一些前沿科技的突破,意义完全不同。能做回百分之百中国人,觉得万分欣慰与骄傲。"姚期智道破其中缘由。在清华大学,姚期智的名字总是和"姚班"联系在一起。深感于我国的计算机学科本科教育水平与国外一流大学仍有差距,2005年,由姚期智主导的"计算机科学实验班"在清华成立,这个班也被清华师生亲切地称为"姚班"。

2017年2月21日,姚期智由中国科学院外籍院士转为中国科学院院士,加入中国科学院信息技术科学部。姚期智的归国为中国的计算机教育做出了重大贡献。他填补了中国在计算机科学方面的空白,为中国的计算机科学与国际接轨开辟了一条道路。姚期智相信,人工智能能够解决许多实际的问题,他非常重视理论和实际的结合。他利用海量的数据,以及强大的运算能力,改善了机器学习模型的表现。姚期智在对人工智能的理论与方法进行研究的同时,也致力于将人工智能技术运用于各个领域。

编译预处理是源程序被正式编译之前所进行的处理工作,C 语言的预处理功能由编译系统的预处理程序实现,预处理程序负责分析和处理行首以"♯"开头、以换行符结尾的控制行,这些控制行被称为编译预处理指令。编译预处理指令不是 C 语言的语法成分,而是传给编译程序的各种指令,包括宏代换、文件包含和条件编译等。注意,"♯"前不能出现空格以外的其他字符,而且在行尾处没有分号,这是它与 C 语言的语句的重要区别。学习时要关注以下问题:

(1) 掌握如何使用♯define 指令定义宏,并了解宏的作用、优点和注意事项;

(2) 如何使用♯include 指令将头文件包含到源代码中;

(3) 了解条件编译指令(如♯ifdef、♯else、♯endif 等)的用法,以便根据条件选择性地包含或排除特定的代码块。

9.1　宏定义

宏定义就是把一长串字符序列用一个简短的名字去代替,这个名字称为宏名,被代替的长串序列就称为宏值。宏定义的过程是通过♯define 命令实现的,一般格式如下:

视频讲解

```
♯define <宏名> <宏值>
```

宏名可以出现在程序中,在程序被编译前,预处理程序会把宏名替换成宏值,这就是宏代换,然后再去进行编译。也就是说,进行宏代换时,仅仅将源程序中的宏名替换成宏值,并不对宏值做任何处理。

【素质拓展】　公平价值

宏替换,面向所有的程序员,可以提高代码的复用性,统一代码风格和规范,减少个人主观因素对代码风格的影响,体现社会主义核心价值观中追求公平的理念。

宏定义分为两种:不带参数的宏定义和带参数的宏定义。

1. 不带参数的宏

不带参数的宏定义,又称简单宏,其一般定义格式如下:

```
♯define <标识符> <字符序列或数值>
```

其中,标识符就是宏名,定义它代表其后的字符序列或数值。例如:

```
♯define PI 3.1415926
```

其中,PI 为宏名,3.1415926 为宏值,如果程序中有语句 A=PI * r * r;,则预处理程序先将其替换为 A=3.1415926 * r * r;,然后再将其交给编译器去编译。

宏名的作用域从♯define 定义处开始,到该宏定义所在文件结束。如果需要提前终止宏的作用域,可以使用♯undef 命令,其一般格式如下:

```
♯undef 标识符
```

【例 9.1】 宏的有效范围。

【示例代码】

```
1 #include <stdio.h>
2 #define A 100
3 void main()
4 {
5    int i = 2;
6    printf("i + A = %d\n", i + A);
7    #undef A
8    #define A 10
9    printf("i + A = %d\n", i + A);
10 }
```

【代码分析】 这段程序中,首先定义了宏 A 值为 100,其作用范围为 2～7 行,当主函数执行到第一条 printf("i+A=%d\n",i+A);时,A 会被替换成 100,因此得到运行结果 i+A= 102,#undef A 取消了宏 A。接着又定义了新的宏 A 值为 10,其作用范围为 8～10 行,当主函数执行到第二条 printf("i+A=%d\n",i+A);时,A 会被替换成 10,因此得到运行结果 i+A=12。可以看出,宏 A 的作用范围及在不同的作用范围内被替换成不同的宏值。

使用宏定义时以下几个问题要注意。

(1) C 语言中宏名通常用大写字母来表示,以便与变量名相区别。这种做法可以帮助阅读程序者迅速识别发生宏替换的位置。同时,最好把所有宏定义放在源程序文件的开头部分,不要把宏定义分散在文件的多个位置。

(2) 宏定义时,如果宏值过长,可在换行前加一个续行符\。例如:

```
#define LONG_STRING "this is a very long string that is \
used as an example"
```

注意,双引号包括在替代的内容之内。

(3) 宏值若为表达式,则最好用圆括号括起来,以避免引起误解。例如:

```
#define A 3 + 2
```

此时定义的宏 A 代表 3+2 这个整体,但在程序中有语句 e=5/A;会被替换成 e=5/3+ 2;显然得不到预期的正确结果。因此,在宏定义时对宏值加上圆括号,就不会出现任何问题。

```
#define A (3 + 2)
```

(4) 宏定义可以嵌套定义,但不能递归定义。

如下列嵌套定义是正确的:

```
#define R 2.0
#define PI 3.14159
#define L 2 * PI * R
#define S PI * R * R
```

在编译预处理时,宏 L 被 2 * 3.14159 * 2.0 替换,宏 S 被 3.14159 * 2.0 * 2.0 替换。但下面的宏定义是错误的:

```
#define M M + 10
```

宏名的使用主要用一个有意义的名字去代替含义不清的一串数字,比如前文中的 PI 代替圆周率,这样在程序中使用 PI 比 3.14159 这一串数字的含义明确多了,且不易出错。

> Tips:简单宏
>
> ① 宏名用大写字母来表示,定义放在源程序文件的开头部分,且以换行结束,注意不以分号结束。
>
> ② 宏的作用域从定义处开始,到文件结束或遇到♯undef <标识符>结束。
>
> ③ 宏值若为表达式,则需要用括号将其括起来。

2. 带参数的宏

宏名后面可以带参数,这种情况下,在宏值中也有相同的参数。带参数的宏定义的一般格式如下:

```
♯define <宏名>(<参数表>) <含有参数的字符序列>
```

其中,参数表由一个或多个参数构成,参数只有参数名,没有数据类型符,参数之间用逗号隔开,参数名须是合法的标识符。含有参数的字符序列是宏的内容文本。

【例 9.2】　带参数的宏替换示例。

【示例代码】

```
1♯define SQU(x) ((x) * (x))
2♯define MAX(x,y) (((x)>(y))?(x):(y))
3♯include < stdio. h>
4int main()
5{
6   float a = − 2.5,b = − 3.2;
7   a = MAX(a,b) + 3;
8   printf("square =% f\n",SQU(a));
9   return 0;
10}
```

【代码分析】　预编译器处理带参数的宏的过程为首先将宏内容文本中的宏参数替换成实参文本,这样形成了宏的实际内容文本,再将这个宏的实际内容文本替换源程序中的宏标识符。上述代码中,按照该过程行 7 和行 8 中代码将被替换成:

```
7   a = (((a)>(b))?(a):(b)) + 3;
8   printf("square =% f\n", (a) * (a));
```

此外,由于使用带参数的宏时,参数大多是表达式,宏内容本身也是表达式,因此,不但需要将整个宏内容括起来,而且还要将宏参数用“(”和“)”括起来,否则可能引起非预期的结果。例如,有宏定义“♯define SQU(x) (x * x)”,如果程序中有某语句为“a＝SQU(2＋3);”,则预编译后该语句是“a＝(2＋3 * 2＋3);”,a 的值将是 11,要想得到所希望的 25,需要定义如行 1 所示的宏 SQU。

> Tips:带参宏
>
> ① 定义时宏参要用括号括起来,不管是在参数表中的宏参,还是在含参字符序列中的宏参。
>
> ② 定义时宏名与后面的括号之间没有空格,否则就会变成定义一个不带参数的宏。
>
> ③ 宏值若为表达式,则需要用括号将其括起来。

视频讲解

9.2 文件包含

文件包含是指一个 C 语言源程序通过预处理指令♯include 将另一个文件（通常是扩展名为.c,.cpp 或.h 的文件）的全部内容包含进来，即用指定文件的一份拷贝来取代这条♯include 预处理指令。执行预处理指令♯include 时的示意图如图 9.1 所示。

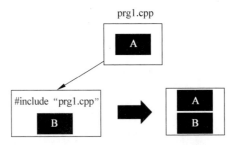

图 9.1　执行预处理指令♯include

文件包含处理命令的一般格式如下：

> ♯include <包含文件名>

或为：

> ♯include "包含文件名"

这两种格式的差别在于预处理程序查找被包含文件的路径不同。如果用双引号括起文件名，则预处理程序就在当前正编译的程序所在的目录中查找被包含文件，该方法通常用来包含程序员自定义的头文件。对于用尖括号括起来的文件名多用来查找标准库头文件，预处理程序通常是在预指定的目录中查找。

♯include 指令应出现在文件的开头，一个♯include 指令只能包含一个文件。有了文件包含功能，就可以将多个模块公用的数据（如符号常量和数据结构）或函数，集中到几个单独的文件中。这样，要使用公用的数据或调用公用的函数，只要使用文件包含功能，将所需文件包含进来即可，不必再重复定义公用的数据、函数，从而可以减少重复劳动。

【素质拓展】　团队合作

通过文件包含，将一些通用的功能放在单独的文件中，在需要的地方通过包含的方式引入，从而实现代码复用。代码复用需在团队间进行沟通和协作，这样可以实现资源共享，有助于培养集体主义精神，加强团队合作能力。

【例 9.3】　文件包含示例。

【示例代码】

源程序文件 prg.c 的内容如下：

```
♯ include "head.h"
♯ include "func.c"
int main()
{
    int a,b;
    a = getnum();
    b = getnum();
    c = max(max(a,b),NUM);
    printf("MAX =% d\n",c);
    return 0;
}
```

其中，文件 head. h 的内容如下：

```
# include < stdio. h>
# define NUM 10
int c;
```

文件 func. c 的内容如下：

```
int max(int x, int y)
{
    return (x > y?x:y);
}
int getnum()
{
    int a;
    scanf(" % d",&a);
    return a;
}
```

【代码分析】　此段代码中，把常用的头文件 stdio. h、符号常量 NUM、全局变量 c 放到了单独的文件 head. h 中，通过指令 ♯include 包含进来，可以看到，文件包含可以嵌套，被包含文件中的全局变量 c 也是包含文件中的全局变量，因此在源程序 prg. c 中没有对 c 进行声明就可以加以引用。这段代码中，还把函数 max() 和 getnum() 放到了文件 func. c 中，在源程序 prg. c 中通过 ♯include 指令将文件 func. c 包含进来，这样不用再去定义函数 max() 和 getnum() 就可以在 prg. c 中使用它们。

> Tips：文件包含
> ① 预处理指令 ♯include 是用指定文件的一份拷贝来取代这条 ♯include 预处理指令，格式为 ♯include <包含文件名> 或 ♯include "包含文件名"。
> ② ♯include 指令应出现在文件的开头，一个 ♯include 指令只能包含一个文件。
> ③ 文件包含可以嵌套，包含的内容一般为多个模块公用的数据（如符号常量和数据结构）或函数。

9.3　条件编译

视频讲解

　　程序中的所有语句并不一定要全部编译执行，根据一定的条件可以对其中的一部分进行编译。能够控制编译范围的指令就是 C 语言提供的条件编译指令。条件编译使得同一源程序在不同的编译条件下可以得到不同的目标代码。

　　条件编译主要有三种常用的形式。

1. ♯if～♯endif 形式

♯if～♯endif 形式的条件编译的格式如下：

```
# if 条件 1
    程序段 1
# elif 条件 2
    程序段 2
…
# else
    程序段 n
# endif
```

其功能是如果条件1为真，就编译程序段1；否则，如果条件2为真，就编译程序段2…如果各条件都不为真，就编译程序段n。这里的条件一般为常整数表达式，因为预处理程序不理解属于核心语言的构件，所以常整数表达式中只能出现预定义的常量标识符、整常数、字符常数等，通常会用到宏名，条件可以不加括号。elif是else if的缩写，但是不可以写成else if。格式中可以没有♯elif和♯else，但必须有♯endif，它是♯if命令的结尾符。每个命令单独占一行。

【例9.4】 条件编译示例1。

【示例代码】

```
# define USA 0
# define ENGLAND 1
# define FRANCE 2
# define ACTIVE_COUNTRY USA
# if ACTIVE_COUNTRY == USA
    char * currency = "dollar";
# elif ACTIVE_COUNTRY == ENGLAND
    char * currency = "pound";
# else
    char * currency = "france";
# endif
# include < stdio. h >
int main()
{
  float price1,price2,sumprice;
  scanf(" % f % f",&price1,&price2);
  sumprice = price1 + price2;
  printf("sum =% 2f % s",sumprice,currency);
  return 0;
}
```

【代码分析】 该段代码是输入两个价格计算求和，并输出价格总和及价格单位，其中价格的单位利用条件编译指令输出，这里ACTIVE_COUNTRY定义货币名称。经预处理后的新程序如下：

```
char * currency = "dollar";
# include < stdio. h >
int main()
{
    float price1,price2,sumprice;
    scanf(" % f % f",&price1,&price2);
    sumprice = price1 + price2;
    printf("sum =% 2f % s",sumprice,currency);
    return 0;
}
```

2. ♯ifdef～♯endif形式

♯ifdef～♯endif形式的条件编译的格式如下：

```
# ifdef 宏名
    程序段 1
# else
    程序段 2
# endif
```

其功能是如果宏名已被♯define行定义，则编译程序段1，否则编译程序段2，即通过判断是否定义了宏，来决定编译哪个程序段。♯else可以没有，但必须有♯endif，它是♯if命令的结尾符。

【例 9.5】　条件编译示例 2。

【示例代码】

```c
#define INTEGER
#ifdef INTEGER
  int add(int x,int y)
  {
    return x + y;
  }
#else
  float add(float x,float y)
  {
    return x + y;
  }
#endif
#include <stdio.h>
int main()
{
  #ifdef INTEGER
    int a,b,c;
    scanf("%d %d",&a,&b);
    printf("a + b =%d\n",add(a,b));
    return 0;
  #else
    int a,b,c;
    scanf("%f %f",&a,&b);
    printf("a + b =%f\n",add(a,b));
    return 0;
  #endif
}
```

【代码分析】　本段程序利用是否定义了宏 INTEGER 来决定执行哪一段程序。预处理后的新程序如下：

```c
int add(int x,int y)
{
  return x + y;
}
#include <stdio.h>
int main()
{
  int a,b,c;
  scanf("%d %d",&a,&b);
  printf("a + b =%d\n",add(a,b));
  return 0;
}
```

3. #ifndef～#endif 形式

#ifndef～#endif 形式的条件编译的格式如下：

```c
#ifndef 宏名
    程序段 1
#else
    程序段 2
#endif
```

与第 2 种形式的区别仅在于：如果宏名没有被定义,则编译程序段 1,否则编译程序段 2。

条件编译与分支语句一致,都是根据条件选择性的包含代码或者执行代码,但也有区别,具体区别如表 9.1 所示。

表 9.1　条件编译与分支语句的区别

	条件编译	分支语句
处理时间	在预编译阶段进行处理	在程序运行时处理
条件限制	不可以包含变量名，只能是常量表达式（通常包含宏名），可以不加括号	条件表达式，可以包含变量或函数等，并且必须加括号
是否编译	对满足编译条件的程序语句进行编译生成目标代码，对不满足编译条件的程序语句将不进行编译	不管某语句是否满足条件，都要对其编译生成代码（包括分支语句本身）
放置位置	可以放在所有函数的外部，也可以放在某函数的内部	只能出现在某函数内部

条件编译主要有以下用途。

（1）用来忽略程序的某一部分。在程序开发过程中，为防止编译器对一段已含有注释的代码进行编译，若不用注释符号来忽略这段代码，这时可用如下的处理结构：

```
#if 0
    <不编译的代码段>
#endif
```

因为 0 代表假，所以不编译这段代码。如果想让编译器对这段代码进行编译，可以把 0 改为 1。

（2）用来帮助程序调试。调试的目的是随时跟踪了解变量的取值情况，看是否有异常情况发生。除了可以通过系统提供的调试程序进行追踪外，也可以使用 printf 语句打印变量的值来测试控制流的正确性，这些 printf 语句可以放在条件编译指令间，调试时编译输出结果。例如：

```
#ifdef DEBUG
    printf("x=%d\n",x);
#endif
```

若前面已有符号常量 DEBUG 的定义（即有指令 #define DEBUG），则编译执行 printf 语句，显示变量 x 当前的值。调试完不需要再显示 x 的值时，只需去掉指令 #define DEBUG，这样 printf("x=%d\n",x);语句就不会被执行，也不必在程序中一一地把这些调试语句去掉。

9.4　本章小结

本章所涉及的知识思维导图如图 9.2 所示。预处理功能是 C 语言特有的功能，它是在对源程序正式编译前由预处理程序完成的，程序员在程序中用预处理命令来调用这些功能。宏定义指令 #define 主要用于定义符号常量，也可以定义带参数的宏。编译预处理指令 #include 称为文件包含指令，其作用是将另一个文件导入到当前源文件中，通常用指令 #include 来导入头文件。有时根据一定的条件编译源文件的不同部分，这就是条件编译，这样可使生成的目标程序较短，从而减少内存的开销并提高程序的效率。使用预处理功能便于程序的修改、阅读、移植和调试，也便于实现模块化程序设计。

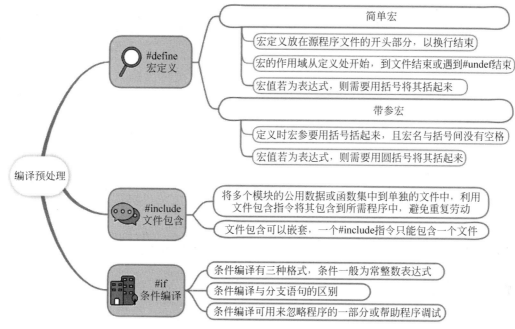

图 9.2　第 9 章思维导图

9.5　拓展习题

在线测试

1. 基础部分

（1）以下程序运行的结果是（　　）。

```c
#include <stdio.h>
#define X 5
#define Y X+1
#define Z Y*X/2
int main()
{
    int a = Y;
    printf("%d,%d",Z,--a);
    return 0;
}
```

　　A. 7,6　　　　　　B. 12,6　　　　　　C. 12,5　　　　　D. 7,5

（2）以下程序运行的结果是（　　）。

```c
#include <stdio.h>
#define ADD(x) x+x
int main()
{
    int m = 1,n = 2,k = 3;
    int sum = ADD(m+n)*k;
    printf("sum=%d",sum);
    return 0;
}
```

　　A. sum=9　　　　B. sum=10　　　　C. sum=12　　　　D. sum=18

（3）设有以下程序：

```
#include<stdio.h>
#define SUB(a) (a)-(a)
int main()
{
    int a=2,b=3,c=5,d;
    d=SUB(a+b)*c;
    printf("%d\n",d);
    return 0;
}
```

运行程序后的输出结果是（　　）。

    A. 0   B. -12 C. -20 D. 10

（4）用宏定义求 x 的平方，下面哪种写法最好，为什么？

    a. #define POW(x) x*x

    b. #define POW(x) (x)*(x)

    c. #define POW(x) (x*x)

    d. #define POW(x) ((x)*(x))

（5）文件 h1.h 的内容如下：

```
#include<stdio.h>
#define PR printf
#define NL "\n"
#define D "%d"
#define D1 D NL
```

文件 ex1.c 的内容如下：

```
#include "h1.h"
int main()
{
    int a=1;
    PR(D1,a);
    return 0;
}
```

写出 ex1.c 经过预处理后的程序，并写出程序的执行结果。

（6）说明 #include "file.h" 和 #include <file.h> 的区别。

（7）执行下面程序段的输出是什么？

```
#define M 10
#ifdef M
  printf("M=%d\n",M);
#else
  printf("M/2=%d\n",M/2);
#endif
```

2. 提高部分

（1）若有宏定义：

```
#define SQ(x) ((x)*(x))
#define CUBE(x) (SQ(x)*x)
#define FIFTH(x) (SQ(x)*CUBE(x))
```

则下面的表示式将作何替换？

```
n+SQ(n)+CUBE(n)+FIFTH(n)
```

（2）设有以下程序：

```
# include < stdio.h >
# define f(x) x * x
int main()
{
    int i;
    i = f(4 + 4)/f(2 + 2);
    printf(" % d\n",i);
    return 0;
}
```

运行程序后的输出结果是(　　　　)。

  A. 28   B. 22   C. 16   D. 4

（3）定义求两个数的最小值的宏 MIN2，利用宏 MIN2 再定义求 3 个数的最小值的宏 MIN3。从键盘输入 3 个数，利用宏 MIN3 求出其最小值。

（4）编一程序，定义一个计算球体积的带参数的宏。在程序中利用该宏计算半径分别为 1，2，3，…，10 的 10 个球的体积，并输出结果。球体积的计算公式为 $V = \frac{4}{3}\pi r^3$，π 取 3.1415926。

9.6　拓展阅读

企鹅帝国的造就者——马化腾

  马化腾，男，汉族，1971 年 10 月 29 日生于广东省汕头市潮南区。现任腾讯科技（深圳）有限公司董事会主席、首席执行官。2018 年 2 月 28 日，胡润研究院发布《2018 胡润全球富豪榜》，马化腾以 2950 亿元正式成为全球华人首富。2023 年 10 月，马化腾以 2800 亿元财富排名 2023 年胡润百富榜第 2 位。党中央、国务院曾授予马化腾"改革先锋"称号，颁授"改革先锋"奖章，并获评"互联网＋"行动的探索者。

  1993 年，马化腾在深圳大学完成计算机及应用专业取得深大理科学士学位。同年马化腾进入中国电信服务和产品供应商深圳润迅通讯发展有限公司，主管互联网传呼系统的研究开发工作。该段经历使马化腾明确了开发软件的意义就在于实用，而不是写作者的自娱自乐。润迅提升了马化腾的视野，以及给马化腾在管理上必要的启蒙。

  1998 年，实用软件概念不仅培养了马化腾敏锐的软件市场感觉，也使他从中盈利不菲。但他真正意义上的第一桶金是来自股市。他最精彩的一单是将 10 万元炒到 70 万元。这为马化腾独立创业打下了基础。

  "从 1998 年开始，我就考虑独立创业，却一直没想清楚要做什么，但创业的想法并没有起伏，我知道自己对着迷的事情完全有能力做好。我感觉可以在寻呼与网络两大资源中找到空间。"

  创业之初，马化腾率领自己的团队做网页、系统集成、程序设计。但由于马化腾不懂市场和市场运作，向运营商推销腾讯的产品，却经常被拒之门外。跟其他刚开始创业的互联网公司一样，资金和技术是腾讯最大的问题。

  1999 年 2 月，腾讯自主开发了基于 Internet 的网上中文 ICQ 服务（一种基于 Internet 的即时通信工具，它集寻呼、聊天、电子邮件和文件传输多种功能于一身）——OICQ，受到用户欢迎，注册人数疯长，很短时间内就增加到几万人。人数增加就要不断扩充服务器，而那时一两千元的服务器托管费对腾讯公司都不堪重负。"我们只能到处去蹭人家的服务器用，最开始只是一台普通PC机，放到具有宽带条件的机房里面，然后把程序偷偷放到别人的服务器里面运行。"在面临资金困难时，腾讯曾险些把开发出的ICQ软件以60万元的价格卖给深圳电信数据局，但终因价格原因告吹。运营QQ所需的投入越来越大，马化腾只好四处去筹钱。找银行，银行说没听说过凭"注册用户数量"可以办抵押贷款的；与国内投资商谈，对方关心的大多是腾讯有多少台电脑和其他固定资产。1999年下半年，从美国到中国，互联网开始"发烧"，受昔日老网友海外融资的启发，马化腾拿着改了6个版本、20多页的商业计划书开始寻找国外风险投资，最后碰到了IDG和盈科数码。"他们给了QQ 400万美元，分别占公司20％的股份。QQ发展到1万用户时，这笔钱还没用完。"自此，腾讯的发展逐渐步入了正轨。

当时QQ在国内外（以国内为主）拥有注册用户近亿，且以几何速度每日递增，可谓国内网民使用最多的即时通信工具。而QQ本身也从广告、移动QQ、QQ会员费等多个领域实现了盈利，马化腾作为公司创始人自然是最大的贡献者和受益者。无论是业内人士还是普通网民，甚至是不上网的大众均对马化腾的远见和魄力颇为赞赏。

"我们曾险些把开发出的ICQ软件以60万元的价格卖给别人。现在有点庆幸当初没有贸然行事。要在互联网上掘金就不能只看到眼前利益。许多很有才华的网络人才往往没有注意这一点而失去了长远机会。"马化腾经常这样告知同行。

初期发展过程中，腾讯还有过一个很重要的赔偿官司：在2000年左右，仿照ICQ开发的OICQ抢了很多ICQ的用户群，尤其是中国大陆用户，后来ICQ公司通过法律途径，最终判定腾讯败诉，停止使用OICQ这个名称，并归还OICQ域名给ICQ公司，同时赔偿了一定金额的费用，自此腾讯便使用了QQ这个名称。

马化腾艰难引入风投的做法，只是当时互联网企业争取生存的一个缩影。曾被称为"中国最优秀的天使投资人"龚虹嘉对此感慨不已，"中国80％以上的创业家，都是靠关系获得一些资源的垄断来达到成功，长久以来，中国的创业家阶层谈来谈去都离不开这些东西。因为有了互联网，有了纳斯达克，有了海外风险投资，理念和价值观才出现多元化。"在龚虹嘉看来，与传统商业模式不同，腾讯他们是用阳光做法博得阳光财富，"不靠收买谁垄断谁，就凭自己的创新和胆识。"

随着市场环境的变化，腾讯开始尝试推出多元化产品。不经意间，腾讯完成了互联网产业几乎全业务的布局。从无线增值业务，发展到涵盖游戏、门户、电子商务、第三方支付、搜索引擎等多种业务在内的互联网在线生活平台，马化腾为此用了10年。他有理由为此骄傲，中国的互联网行业内，横跨多个业务线的企业并不是腾讯一家，但只有腾讯能够在两条以上的业务线同时做到领先，几乎所有的业务都在赚钱。而马化腾的野心是要把一代人的传统生活全都搬到网络上，打造一代人在线的生活方式，满足人们在信息获取、信息沟通、休闲娱乐和交易这四方面的需求，让网络产品及服务就像阳光和空气一样渗透到普通人的生活里。

"腾讯一直把创新能力看作公司竞争力的一个最核心的元素。"马化腾在接受《中国新闻周刊》采访时表示，这种创新不仅仅局限于技术、产品等，更重要的是商业模式、用户体验的创新，"由于我们几乎所有的产品都是直接面向用户，因此员工的一项简单的创新或者改进，就能让亿级用户受益，这种巨大的成就感和使命感也是其他企业的员工无法比拟的。"

马化腾曾表示："不管企业做到什么程度，都要保持一种诚惶诚恐的心态。"如今，腾讯越做越大，财富越来越多，马化腾觉得责任也在不断增加。"十年间，腾讯获得并奉行了一个非常宝贵的可持续发展秘诀：绝不追求单向经济效益最大化，而是以用户价值与社会价值最大化协调统一发展为方向。"他总结，中国互联网行业历经多年的社会企业公民实践后，正开始引领积极的社会主流价值，并产生了广泛的公众影响。

到目前为止,所处理的数据都是暂时存放在内存中的,当程序运行结束后,这些数据也就消失了。当数据量不大时,这种方法可行,但是当数据量较大时,若每次运行程序时都通过键盘重新输入,将花费很长的时间,也难免会发生错误。为解决这个问题,可以把需要处理的数据预先存储在一个磁盘文件中,当需要处理时,程序就可以从磁盘文件读取数据,或者把输出结果保存在磁盘文件中。文件是计算机内、外存信息交换的单位。学习时要关注以下问题:

(1) C 语言中文件操作的基本模式,包括打开文件、读取文件、写入文件、关闭文件等;

(2) 文件读写操作的若干方法;

(3) 如何定位文件位置指针,以便进行读写操作。

10.1 文件的概念

文件是一组相关数据的有序集合。C 语言中的文件为流式文件,即把文件看作一个有序的字符流。文件通常驻留在外存上,在使用时才调入内存。从数据的组织来看,文件分为两类:文本文件(又称 ASCII 码文件)和二进制文件。

(1) 文本文件中的每个元素都是字符,例如,源程序文件在磁盘中存放时,每个字符对应一个字节,用于存放相应的 ASCII 码值。例如,数字 5678 存储形式如图 10.1 所示,共占用 4 字节,存储时按字符的 ASCII 码值存储,显示时按字符显示,所以一般操作者都能读懂文件内容。

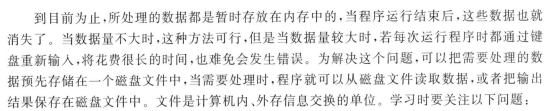

图 10.1 文本文件的存储形式

(2) 二进制文件按二进制编码存放文件内容。例如,数 5678 存储形式为 0101 0110 0111 1000。虽然也可以在屏幕上显示二进制文件的内容,但显示为乱码,一般操作者无法读懂。与文本文件不同,二进制文件可以不经转换直接和内存通信,因而处理起来速度快。

C 语言系统在处理文件时,并不区分类型,都看成字符流,按字节进行处理。当打开一个文件时,该文件就和某个流关联起来,执行程序会自动打开 3 个标准文件——标准输入文件、标准输出文件和标准错误文件,以及和这三个文件相连的三种流——标准输入流、标准输出流和标准错误流。流是文件和数据之间通信的通道。本章讨论流式文件的打开、关闭、读、写、定位等各种操作。

10.2 文件类型指针

在 C 语言中用一个指针变量指向一个文件,这个指针称为文件指针。通过文件指针可对它所指的文件进行各种操作。

要运行一个文件，必须知道与该文件有关的信息，如文件名、文件状态、当前读写位置等。C 语言将这些信息保存在一个文件结构体中，这个结构体中的信息组成了文件类型 FILE。C 语言中 FILE 结构体类型定义如下。

```
typedef struct{
    short level;                    //缓冲区满或空的程度
    unsigned flags;                 //文件状态标志
    char fd;                        //文件描述符
    short bsize;                    //缓冲区大小
    unsigned char * buffer;         //文件缓冲区的首地址
    unsigned char * curp;           //文件缓冲区的当前读写指针
    unsigned char hold;             //其他信息
    unsigned istemp;                //暂时文件指示器
    short token;                    //用于有效性检查
}FILE;
```

C 语言程序要求，在对一个文件进行处理时，需首先定义一个 FILE 类型的指针，即建立一个 FILE 类型的指针变量，该指针变量用于指向系统内存中的一个 FILE 类型的结构体（即文件信息区），结构体中保存着当前处理文件的相关信息。文件指针的定义形式如下：

```
FILE * <文件指针名>;
```

例如：

```
FILE * p;
```

这里 p 指针代表一个文件，对文件进行任何操作之前必须先定义指向文件的指针。C 语言的编译系统中有对文件结构类型 FILE 的定义，在程序中可以直接使用。

C 语言程序会自动建立 3 个系统设备文件指针，它们分别是标准输入 stdin、标准输出 stdout、标准错误输出 stderr。一般情况下，第 1 个为键盘，后 2 个为显示器。

> Tips
> ① FILE 是 C 语言中保存文件有关信息的文件结构体类型，C 的编译系统中有其定义，在程序中可直接使用。
> ② 在对一个文件进行处理时，需首先定义一个 FILE 类型的指针变量。

10.3 文件操作

视频讲解

在对文件进行读写操作之前要先打开文件，然后对文件进行读或写，使用完毕要关闭文件。在 C 语言中，文件操作都由库函数来完成，本节将介绍主要的文件操作函数，包括文件的打开与关闭、读写、定位等。

【素质拓展】 同甘共苦，同舟共济

文件管理的目的是在存储文件的基础上多次取用文件中的数据，从而实现数据的共享。由此引出人生旅途中由共享进而达到共赢的案例与思政教育，如齐桓公与管仲间的故事。俗话说，"一个篱笆三个桩，一个好汉三个帮"，想要成就一番大事，必须靠大家的努力，同甘共苦，同舟共济。

▶ 10.3.1 文件打开与关闭

打开文件，实际上是建立文件的各种有关信息，并使文件指针指向该文件，以便进行其他操作。关闭文件是断开指针与文件之间的联系，不再对该文件进行操作。文件在使用之前必须打开，处理完之后必须关闭。

1. 文件打开

文件打开是通过调用 fopen() 函数来实现的，其格式如下：

```
文件指针名 = fopen(文件名,文件打开方式);
```

其中，"文件指针名"是 FILE 类型的指针变量。"文件名"是要打开的文件的文件名，但若打开的文件不在当前目录下，则需要带上路径，可以采用相对路径，也可采用绝对路径。"文件打开方式"指出文件的类型和文件打开的目的，即对文件要进行的操作。"文件名"和"文件打开方式"都是字符串。例如：

```
FILE * fp;
fp = fopen("file.txt","r");
```

这段程序的意义是打开当前目录下的 file.txt 文件，只允许进行"读"操作，并使 fp 指向该文件。又如：

```
FILE * fp;
fp = fopen("D:\\temp\\data.dat","rb");
```

这段程序的意义是打开 D 盘 temp 目录下的 data.dat，路径中要用\\表示目录，因为字符串内\\代表一个\字符。打开方式为 rb 说明 data.dat 是一个二进制文件，只允许按二进制方式进行读操作。

文件打开方式用来确定对所打开的文件将进行什么操作。表 10.1 列出了 C 语言程序各种文件的打开方式，隐含的是打开 ASCII 码文件。如果打开的是二进制文件，则在打开方式中以 b 表示。其他字符的含义为 r 代表 read，用于读；w 代表 write，用于写；a 代表 append，用于追加。

表 10.1 文件打开方式

文本文件（ASCII 码文件）		二进制文件	
使用方式	含义	使用方式	含义
"r"	打开文本文件进行只读	"rb"	打开二进制文件进行只读
"w"	建立新文本文件进行只写	"wb"	建立新二进制文件进行只写
"a"	打开文本文件进行追加	"ab"	打开二进制文件进行追加
"r+"	打开文本文件进行读/写	"rb+"	打开二进制文件进行读/写
"w+"	建立新文本文件进行读/写	"wb+"	建立新二进制文件进行读/写
"a+"	打开文本文件进行读/写/追加	"ab+"	打开二进制文件进行读/写/追加

（1）凡用"r"方式打开一个文件时，该文件必须已经存在，否则函数返回值为 NULL。

（2）用"w"方式打开的文件只能向该文件写入内容。若打开的文件不存在，则以指定的文件名建立该文件；若打开的文件已经存在，则会将原文件内容覆盖掉，写入新的内容。

（3）若要向一个已存在的文件追加新信息，只能用"a"方式打开文件，但此时该文件必须存在，且在文件的尾部追加内容，否则函数返回值为 NULL；此外，"a"也可以向不存在的文中追加内容,此时会先建立一个文件,然后再追加。

(4) 打开一个文件时如果出错,fopen()函数将返回一个空指针值 NULL。在程序中可以用这一信息来判断是否完成了打开文件的工作,并做相应的处理。以打开 fileb 二进制文件为例给出这一过程的常用模式:

```
if((fp = fopen("c:\\fileb","rb")) = = NULL)
{
    printf("\n Error on open c:\\fileb file!\n");      //显示失败信息
    exit(0);                                          //结束程序
}
```

这段程序的意义是,如果执行 fopen()函数后返回的指针为空,表示不能打开 C 盘根目录下的 fileb 文件,给出提示信息"Error on open c:\fileb file!",并结束程序运行。exit()用来结束程序,参数为 0,表示正常退出;参数非 0,表示出错后结束程序。

2. 文件关闭

当完成文件操作后,应及时关闭文件,以保护其中的数据。fclose()函数用来关闭文件。其一般调用形式如下:

```
fclose(文件指针名);
```

若关闭成功,该函数将返回整数 0,否则返回 EOF(即 -1)表示关闭失败。所以关闭文件操作也应该使用条件语句进行判断,以关闭 fp 指向的文件为例给出这一过程的常用模式:

```
if(fclose(fp))
{
    printf("\n Can not close the file!\n");
    exit(0);
}
```

关闭文件操作还有一个作用是把缓冲区中的数据强制写入磁盘,使文件指针与具体文件脱钩。这时磁盘文件和文件指针仍然存在,只是指针不再指向原来的文件。因此,如果不关闭文件,则留在缓冲区中的数据就会丢失。

> Tips
> ① 文件打开函数及格式:文件指针名 = fopen(文件名,文件打开方式);注意打开方式。
> ② 文件关闭函数及格式:fclose(文件指针名)。

▶ 10.3.2 文件的读写

读文件和写文件是最常用的文件操作。所谓的读文件是将磁盘文件中的数据读入内存;写文件是将内存中的数据写入磁盘文件。C 语言中对文件的读写一般按以下步骤进行:

(1) 用 fopen()函数打开文件;

(2) 对文件进行读、写操作;

(3) 用 fclose()函数关闭文件。

C 语言提供了如下多种读写文件的函数,在程序中使用这些函数时需要包含头文件 stdio.h。

(1) 字符读写函数:fgetc()和 fputc()。

(2) 字符串读写函数:fgets()和 fputs()。

（3）数据块读写函数：fread()和 fwrite()。

（4）格式化读写函数：fscanf()和 fprintf()。

1. 字符读写函数 fgetc()和 fputc()

这是以字符（字节）为单位对文件进行读写的函数，每次从文件读出或向文件写入一个字符。

（1）读字符函数 fgetc()，调用 fgetc()函数的形式如下：

字符变量 = fgetc(文件指针);

从文件指针所指的文件中读一个字符，如果读取正常，将读到的字符值赋给字符变量并将当前读指针向后移一个字节（即指向下一个读出字符位置）；如果读到文件尾或出错，则返回 EOF（其值在头文件 stdio.h 中被定义为−1）。

【例 10.1】 读入文件 a.txt，在屏幕上输出其内容。

【问题描述】 从文件 a.txt 中逐个读取字符，并在屏幕上显示读取内容。

【问题分析】 对文件进行读写操作之前，需要先打开文件，然后利用字符读取函数 fgetc()进行读操作：先读出一个字符，然后进入循环，只要读出的字符不是文件结束标志，就再读入下一个字符。每读一次，文件内部的位置指针向后移一个字节，直到整个文件内容都在屏幕上显示。操作完毕，关闭文件。

【参考代码】

```c
# include < stdio.h >
# include < stdlib.h >
int main()
{
    FILE * fp;
    char ch;
    if((fp = fopen("d:\\example\\a.txt","r")) = = NULL)
    {
        printf("\nCannot open file, strike any key exit!");
        exit(0);
    }
    ch = fgetc(fp);
    while(ch!= EOF)
    {
        putchar(ch);
        ch = fgetc(fp);
    }
    fclose(fp);
    return 0;
}
```

【代码分析】 在调用 fgetc()函数时，必须以读或读写方式打开被读取的文件。在这段程序中定义了文件指针 fp，以读文本文件方式打开文件 d:\\example\\a.txt，并使 fp 指向该文件。如打开文件出错，给出提示并退出程序。

（2）写字符函数 fputc()，调用 fputc()函数的一般形式如下：

fputc(字符数据,文件指针);

将字符数据输出到文件指针所指向的文件中，同时将读写位置指针向后移动一字节（即指向下一个写入位置）。如果输出成功，则函数返回值就是输出的字符数据；否则，返回 EOF。

【例 10.2】 利用字符读写函数实现文件复制。

【问题描述】 把文件 c:\f1.txt 进行复制，新文件为 d:\f2.txt。

【问题分析】 读写时，首先打开源文件（用于读）和创建目标文件（用于写），如果打开或创建失败,则给出相应提示信息,退出程序。通过循环从源文件中逐个字符读并写入目标文件中,直到读到源文件尾,文件复制结束,关闭源文件和目标文件。

【参考代码】

```
#include<stdio.h>
#include<stdlib.h>
int main()
{
    FILE * fp1, * fp2;
    if(((fp1 = fopen("c:\\f1.txt","r")) == NULL)||((fp2 = fopen("d:\\f2.txt","w")) ==
NULL))
    {
        printf("Open Fail.\n");
        exit(0);
    }
    //复制源文件到目标文件中
    for(;(!feof(fp1));)
        fputc(fgetc(fp1),fp2);
    fclose(fp1);
    fclose(fp2);
    return 0;
}
```

【代码分析】 复制代码中的语句 fputc(fgetc(fp1),fp2);为了便于理解可以写成以下语句 char c; c=fgetc(fp1); fputc(c,fp2);另外,程序中用到了判断文件是否结束的库函数 feof(),其函数的原型如下:

```
int feof(文件指针);
```

其功能是在执行读文件操作时,如果遇到文件尾,则返回 1(逻辑真值);否则,返回 0(逻辑假值)。feof()函数同时适用于 ASCII 码和二进制文件。程序中的! feof(fp1)表示源文件(用于输入)未结束,可以循环读文件。

【拓展思考】 编程实现两个文件的连接功能。

(3) 文件读写位置指针。

上面在介绍 fgetc()函数和 fputc()函数时,多次提到文件读写位置指针,它有什么作用?与文件指针又有什么不同?

读写文件时有一个位置指针,用来指向文件内部当前读写的字节。刚打开文件时,该指针总是指向文件的第一个字节。使用 fgetc()或 fputc()函数后,该指针将向后移动一字节。因此可连续多次使用 fgetc()或 fputc()函数,读取或写入多个字符。请注意,文件指针和文件内部的读写位置指针不一样。文件指针指向整个文件,须在程序中定义说明,只要不重新赋值,文件指针的值是不变的。文件内部的读写位置指针用来指示文件内部当前的读写位置,每读写一次,该指针均向后移动,不需要在程序中定义说明它,而由系统自动设置。

Tips

① 对文件读写前,首先需用 fopen()函数打开文件,读写结束后,需用 fclose()函数关闭文件。

② 以字符为单位对文件进行读操作的函数及格式:字符变量=fgetc(文件指针)。

③ 以字符为单位对文件进行写操作的函数及格式:fputc(字符数据,文件指针)。

④ 判断文件是否结束的库函数及格式:int feof(文件指针)。

⑤ 文件读写位置指针用来指向文件内部当前读写的字节,不需要在程序中定义说明它,而由系统自动设置。文件指针是指向整个文件,须在程序中定义说明。

2. 字符串读写函数 fgets()和 fputs()

这些函数以字符串为单位对文件进行读写。每次可从文件读出指定长度的字节或向文件写入一个字符串。

（1）读字符串函数 fgets()，调用 fgets()函数的形式如下：

```
char * fgets(char * str, int num, FILE * fp);
```

从 fp 所指向的文件中读取至多 num−1 个字符，并在其末尾加上字符串结束标志'\0'，把它们放入 str 指向的字符数组中。读取字符直到遇见回车符或 EOF（文件结束符）为止，或读入了所限定的字符数。如果操作成功，返回读取的字符串的指针；如果遇到文件末尾或出错，则返回 NULL。

（2）写字符串函数 fputs()，调用 fputs()函数的形式如下：

```
int fputs(char * str, FILE * fp);
```

将 str 指向的字符串写入 fp 所指向的文件中。如果操作成功，函数返回 0；如果失败，则返回 EOF（即−1）。

注意：使用 fputs()函数时，不会将字符串结尾符'\0'写入文件，而是舍弃'\0'，也不会自动向文件写入换行符，如果需要写入一行文本，字符串中必须包含'\n'。

【例 10.3】 **fgets()、fputs()函数的应用。**

【问题描述】 从一个文本文件 test1.txt 中读出一个字符串，再写入另一个文件 test2.txt。

【问题分析】 这是对文件的读写操作，所以操作之前需要打开文件，操作完成需要关闭文件。读写是以字符串为单位，所以采用 fgets()、fputs()函数进行文件读写。

【参考代码】

```
# include < stdio.h >
# include < string.h >
# include < stdlib.h >
int main()
{
  FILE * fp1, * fp2;
  char str[128];
  if((fp1 = fopen("test1.txt","r")) = = NULL)        //以只读方式打开文件1
  {
    printf("Cannot open file\n");
    exit(0);
  }
  if((fp2 = fopen("test2.txt","w")) = = NULL)        //以只写方式打开文件2
  {
    printf("Cannot open file\n");
    exit(0);
  }
  fgets(str,128,fp1);                               //从文件1读入字符串
  fputs(str,fp2);                                   //把字符串写入文件2
  printf("%s",str);                                 //在屏幕上显示字符串
  fclose(fp1);
  fclose(fp2);
  return 0;
}
```

【代码分析】 例 10.3 中的程序共操作了两个文件，需定义两个文件变量指针，在操作文件之前，应将两个文件以需要的工作方式同时打开（不分先后），读写完成后，再关闭文件。本程序中在写入文件的同时，将写入的内容显示在屏幕上。

【拓展思考】 将一个文件的内容加上行序号显示在屏幕上,并复制到另一个文件中。

【例 10.4】 从键盘输入字符串,并写入文本文件 test.txt。

【参考代码】

```c
#include <stdio.h>
#include <string.h>
#include <stdlib.h>
int main()
{
  FILE *fp;
  char str[128];
  if((fp=fopen("test.txt","w"))==NULL)      //以只写方式打开文本文件
  {
    printf("Cannot open file\n");
    exit(0);
  }
  while(strlen(gets(str))!=0)                //若串长度为0,则结束
  {
    fputs(str,fp);                          //写入串
    fputs("\n",fp);                         //写入回车符
  }
  fclose(fp);
  return 0;
}
```

【代码分析】 此程序中用 gets() 函数从键盘输入字符串,以回车符作结束标志。运行例 10.4 中的程序,从键盘输入长度不超过 127 个字符的字符串,写入文件,直到输入空串,即一单独的回车符(字符串长度为 0),那么程序结束。

> Tips
> ① 以字符串为单位对文件进行读操作的函数及格式: char *fgets(char *str, int num, FILE *fp)。
> ② 利用 fgets() 函数对文件进行读操作时,当满足以下条件之一时读取结束: a. 已经读取了 n-1 个字符; b. 当前读到的字符为回车符; c. 已读到文件的末尾。
> ③ 以字符串为单位对文件进行写操作的函数及格式: int fputs(char *str, FILE *fp)。
> ④ 利用 fputs 对文件进行写操作时,自动舍去字符串后的 '\0'。

3. 数据块读写函数 fread() 和 fwrite()

fgetc() 函数和 fputc() 函数一次只能读和写一个字符,fgets() 函数和 fputs() 函数一次只能读和写不能确定字符个数的一串字符。但在实际中,常常需要能够一次读和写确定字符长度的数据,如一个记录等,C 语言提供了成块读写文件函数。

(1) 数据块读函数 fread(),调用 fread() 函数的形式如下:

```c
int fread(void *buf, int size, int count, FILE *fp);
```

从 fp 所指向的文件中读取 count 个数据项,每个数据项为 size 字节,并把它们放到 buf (缓冲区)指向的字符数组中。若读取成功,则返回读取的项数即 count 值,若读取失败,则返回 -1。

(2) 数据块写函数 fwrite(),调用 fwrite() 函数的形式如下:

```c
int fwrite(void *buf, int size, int count, FILE *fp);
```

从 buf(缓冲区)指向的字符数组中,把 count 个数据项写到 fp 所指向的文件中,每个数据项为 size 字节,函数操作成功时返回写入文件中的数据项数,若输出失败则返回−1。

常使用 fread()和 fwrite()函数以二进制文件格式创建成块读写的文件。

【例 10.5】 **fread()和 fwrite()函数的应用。**

【问题描述】 从键盘输入 N 个学生的记录,包括姓名、学号、三门课程的成绩,把这些数据保存到文件 d:\test.txt 中,然后再从该文件中读出数据显示到屏幕上。

【问题分析】 以学生记录为单位进行文件读写,所以需要定义学生结构体类型。和前面一样,文件进行读写操作之前需要打开文件,操作完成之后需要关闭文件。每个学生记录可看作数据块,所以采用 fread()和 fwrite()函数进行读写操作。

【参考代码】

```c
# include < stdio.h >
# include < stdlib.h >
# define N 10
int main()
{
    FILE  * fp
    int i;
    struct stu                              //定义结构体变量
    {
      char name[15];                        //姓名
      char num[6];                          //学号
      float score[3];                       //三门课程的成绩
    }student;
    if((fp = fopen("d:\\test.txt","wb")) = = NULL)
    {
      printf("Cannot open file\n");
      exit(0);
    }
    printf("Input data:\n");
    for(i = 0;i < N;i++)
    {
      scanf("%s%s%f%f%f",student.name,student.num,&student.score[0], &student.score[1],
&student.score[2]);                         //输入一个记录
      fwrite(&student,sizeof(student),1,fp); //成块写入文件
    }
    fclose(fp);
    if((fp = fopen("d:\\test.txt","rb")) = = NULL)  //以二进制只读方式打开文件
    {
      printf("Cannot open file\n");
      exit(0);
    }
    printf("Output from file:\n");
    for(i = 0;i < N;i++)
    {
      fread(&student,sizeof(student),1,fp);  //从文件 fp 中成块读
      printf("%s%s%7.2f%7.2f%7.2f\n", student.name, student.num, student.score[0],
student.score[1], student.score[2]);         //显示在屏幕上
    }
    fclose(fp);                             //关闭文件
    return 0;
}
```

【代码分析】 题目中学生记录有字符数组类型的姓名和学号,也有浮点型的成绩,因此采用 scanf()函数从键盘输入学生信息时,要使用地址列表来接收数据,要注意数组名就是地址,

所以变量 student. name 和 student. num 不需要再加地址运算符 &。

【拓展思考】 从键盘输入 N 个学生的姓名、学号、总分，把这些数据保存到文件 kaosheng. txt 中，然后再从该文件中读出数据显示到屏幕上。要求写入和读出数据块的操作以函数来实现。

> Tips
> ① 以数据块为单位对文件进行读操作的函数及格式为 int fread(void * buf, int size, int count, FILE * fp)。
> ② 以数据块为单位对文件进行写操作的函数及格式为 int fwrite(void * buf, int size, int count, FILE * fp)。

4. 格式化读写函数 fscanf()和 fprintf()

scanf()函数和 printf()函数是从终端设备输入和输出，与它们不同的是，fscanf()函数和 fprintf()函数是对任何文件进行输入和输出。

（1）对文件格式化读函数 fscanf()，调用 fscanf()函数的形式如下：

```
int fscanf(FILE * fp,char * format,inlist);
```

从 fp 所指向的文件中读取数据按 format 中规定的格式输入 inlist 地址列表中。其中，format 是格式控制串，inlist 是输入地址列表。如果操作成功，函数返回值是读取的数据项的个数；如果操作出错或遇到文件尾，则返回 EOF。例如：

```
fscanf(fp,"%d%f",&i,&x);
```

表示从 fp 中读一个整数给 i，读一个浮点数给 x。

（2）对文件格式化写函数 fprintf()，调用 fprintf()函数的形式如下：

```
int fprintf(FILE * fp,char * format,outlist);
```

将 outlist 中数据按 format 格式写入 fp 所指向的文件中。如果操作成功，函数返回值是写入文件中的字节个数；如果操作出错，则返回 EOF。例如：

```
fprintf(fp,"%d,%6.2f",i,t);
```

表示将 i 和 t 按%d，%6.2f 格式写入 fp 文件。

用 fscanf()函数和 fprintf()函数对文件进行读写优点是方便，容易理解，但缺点是运行速度较慢。因此，如果需要在文件与内存间频繁交换数据的情况下，使用 fread()函数和 fwrite()函数更合适一些。

> Tips
> ① 对文件格式化读函数及格式为 int fscanf(FILE * fp,char * format,inlist)。
> ② 对文件格式化写函数及格式为 int fprintf(FILE * fp,char * format,outlist)。

【例 10.6】 fscanf()函数和 fprintf()函数的应用。

【问题描述】 已知 D 盘上 example 文件夹下的 ff. txt 数据文件中保存了 5 个学生的数学考试数据，包括学号、姓名和分数，文件内容如下：

```
201101 王立文 92
201102 陈志慧 88
201103 胡东方 75
201104 刘伟文 65
201105 何晶晶 72
```

读出文件的内容并显示在屏幕上。

【问题分析】 首先要打开文件,然后对文件进行读操作,并显示在屏幕上,最后要关闭文件。由于文件中数据含格式,故采用 fscanf() 函数来实现。

【参考代码】

```c
# include < stdio.h>
# include < stdlib.h>
int main(void)
{
    FILE  * fp;                                          //定义文件指针
    long num;
    char stname[20];
    int score;
    if((fp = fopen("d:\\example\\ff.txt","r")) = = NULL)   //打开文件
    {
        printf("File open error\n");
        exit(0);
    }
    while(!feof(fp))
    {
        fscanf(fp," % ld % s % d",&num, stname, &score);   //fscanf()读入数据
        printf(" % ld  % s  % d\n",num, stname, score);      //输出到屏幕
    }
    if(fclose(fp))
    {
        printf("Can not close the file!\n");
        exit(0);
    }
    return 0;
}
```

【代码分析】 程序中使用循环结构控制隐形的文件位置指针,以此达到控制读写操作是否结束的目的,调用 fscanf() 函数将文件中的数据读入到变量 num,stname 和 score 中,并通过 printf() 函数把它们输出到屏幕上。

【拓展思考】 将上述 D 盘上 example 文件夹下的 ff.txt 文件中的内容读入,并显示在屏幕上的同时,写入文件 tt.txt 中。

5. 文件读写函数的选用原则

从功能角度来说,fread() 和 fwrite() 函数可以完成对文件任何数据的读/写操作。但是为方便起见,应依以下原则选用文件读写函数。

(1) 读/写 1 个字符(或字节)数据时,选用 fgetc() 和 fputc() 函数,主要对文本文件进行。

(2) 读/写 1 个字符串时,选用 fgets() 和 fputs() 函数,只对文本文件进行。

(3) 读/写 1 个(或多个)不含格式的数据时,选用 fread() 和 fwrite() 函数,主要对二进制文件进行。

(4) 读/写 1 个(或多个)含格式的数据时,选用 fscanf() 和 fprintf() 函数,只对文本文件进行。

▶ 10.3.3 文件定位

C 语言中的文件是流式文件,处理文件的方式是顺序处理。前面介绍的文件的字符/字符串读写,均是对文件的顺序读写,即总是从文件的起始位置开始进行读写,文件位置指针随着读写的进行自动向下移动。但在实际问题中经常要求只读写文件中的某一指定的部分,因此

C 语言提供了移动文件的位置指针到读写位置,再进行读写的功能,这种读写是随机读写。实现随机读写的关键是按要求移动文件位置指针,这称为文件的定位。C 语言提供的实现文件定位的函数主要有返回文件读写指针的位置函数 ftell()、将文件读写指针位置置于文件头的函数 rewind()、改变文件读写指针位置的函数 fseek()等。

文件读写指针位置的最小值是 0,最大值是文件的长度。文件被打开时,文件的读写指针位置指向文件首部,随着数据的读写,文件的读写指针位置会向后移动。

1. ftell()函数

调用 ftell()函数的形式如下:

该值是一个长整型数,用来得到文件位置指针离文件开头……,ftell()返回值是 0。当返回值是 −1L 时表示出错,通常……是否出错。例如:

```
                          );
```

……件的开头,如果移动成功,返回 0;否则,返回一个非 0 值。
……应用。
……示 a.txt 文件的内容,并将 a.txt 文件内容复制到 b.txt 文

```
                "r")) = = NULL)              //以只读方式打开文本文件
                file.\n");

                ,"w")) = = NULL)             //以只写方式打开文本文件
                file.\n");

                                             //在屏幕上显示文件 a.txt 的内容
                ));                          //使 a.txt 的位置指针重返回文件头
    while(                                   //把 a.txt 文件的内容复制到 b.txt 中
        fputc(fgetc(fp1),fp2);
    fclose(fp1);
    fclose(fp2);
    return 0;
}
```

【代码分析】　本段代码中,对 a.txt 文件进行了先读显示再读复制的操作,有两次读操

作。随着读显示操作的进行，文件位置指针也在移动，第一次读完成后文件位置指针就到了文件尾。为了进行接下来的读复制操作，那就需要将 a.txt 的文件位置指针置于文件开头，这里用到了 rewind()函数实现。

【拓展思考】 不借助 rewind()函数如何实现本题的读显示并复制问题？

3. fseek()函数

调用 fseek()函数的形式如下。

```
fseek(FILE * fp, long offset, int origin);
```

把 fp 所指文件的位置指针以 origin 为起点移动 offset 字节，其中 origin 指出的位置如表 10.2 所示。offset 是长整型，需要在整型数据后面加字符 L，该值可正可负，正代表向后（尾），负代表向前（头）。

表 10.2 fseek 函数起点位置

origin	数　值	表示的具体位置
SEEK_SET	0	文件开头
SEEK_CUR	1	文件指针当前位置
SEEK_END	2	文件尾

fseek 函数的使用示例如下。

```
//表示把文件指针从文件开头移到第 20 个字节处,offset 后的 L 不可省略
fseek(fp,20L,0);                    //或写成 fseek(fp,20L,SEEK_SET);
//表示把文件指针从文件尾向文件头方向移动 25 字节
fseek(fp, - 25L,2);                 //或写成 fseek(fp, - 25L, SEEK_END);
//表示把文件指针从当前位置向文件头方向移动 15 字节
fseek(fp, - 15L,1);                 //或写成 fseek(fp, - 15L, SEEK_CUR);
```

【例 10.8】 文件访问的应用。

【问题描述】 设文件 stu.txt 中存有一个班 40 名学生的信息，包括学号（从 1~40 编号）、姓名、和总分。输出文件中学号为奇数的学生的信息。

【问题分析】 要求输出学号为奇数的学生信息，也就是文件中的学号为 1,3,5,7…的学生信息。使用 fscanf()函数来读取每一行的数据，并将其存储到 stud 数组中。fscanf()函数会按照指定的格式读取数据，直到遇到文件结束符 EOF 或者读取了 N 个学生记录。在显示奇数学号记录时，使用了 for 循环，并通过 j += 2 来跳过偶数学号的学生记录，只打印奇数学号的学生信息。

【参考代码】

```
# include < stdio.h >
# include < stdlib.h >
# define N 40
struct student {
    int no;
    char name[15];
    float score;
};
typedef struct student STU;
int main() {
    FILE * fp;
    STU stud[N];
```

```
int i = 0;
if ((fp = fopen("d:\\example\\b.txt", "r")) = = NULL) {
    printf("打开文件失败\n");
    exit(1);
}
//读取所有学生记录
while (fscanf(fp, "% d % 14s % f", &stud[i].no, stud[i].name, &stud[i].score) != EOF && i < N) {
    i++ ;
}
//显示奇数学号记录
for (int j = 0; j < i; j + = 2) {
    printf("No:% d\tName:% s\tScore:% .2f\n", stud[j].no, stud[j].name, stud[j].score);
}
fclose(fp);
return 0;
}
```

【拓展思考】　设文件 stu.txt 中存有一个班 40 名学生的信息,包括学号(从 1～40 编号)、姓名、和总分。输出文件中学号为偶数的学生的信息。

> Tips:文件定位
> ① 返回文件读写指针的位置函数 ftell():long ftell(FILE ∗ fp)。
> ② 将文件读写指针位置置于文件头的函数 rewind():int rewind(FILE ∗ fp)。
> ③ 改变文件读写指针位置的函数 fseek():fseek(FILE ∗ fp, long offset, int origin);其中,offset 是长整型,需要在整型数据后面加字符"L",该值可正可负,正代表向后(尾),负代表向前(头);origin 可为 0、1、2,分别表示文件开头、文件当前位置、文件尾。

10.4　本章小结

本章所涉及的知识思维导图如图 10.2 所示。C 语言把文件当作一个"流",按字节进行

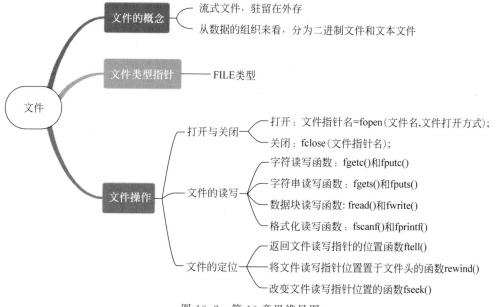

图 10.2　第 10 章思维导图

处理。按组织方式 C 语言文件可分为二进制文件和 ASCII 文件。C 语言中,用文件指针来标识文件,当一个文件被打开时,可取得该文件指针。对文件进行读写之前必须打开文件,读写结束后必须关闭文件。文件可按字节、字符串、数据块为单位进行读写,也可按指定的格式进行读写。文件内部的位置指针可指示当前的读写位置,移动该指针可以对文件实现随机读写。

在线测试

10.5 拓展习题

1. 基础部分

(1) 编写程序,将一个文件的内容追加到另一个文件后面。

(2) 设文件 stu1. txt 中存有一个班 20 名学生的信息,包括学号(从 1~20 编号)、姓名和总分,文件 stu2. txt 中存有这个班另外 20 名学生的信息。编写一个程序,交替地读取两个文件中的学生信息,并显示到屏幕上。

(3) 从键盘输入一些字符,逐个把它们保存在文件 file. txt 中,直到用户输入一个"♯"为止。

(4) 设文件 data. txt 中存有若干整数,编写程序读取其中数据并将其相加,把累加和写入该文件的末尾。

(5) 以下程序的功能是将文本文件 a. txt 的内容复制到文本文件 b. txt 中,假定每行不超过 40 个字符,请填空。

```c
# include < stdio. h>
# include < stdlib. h>
int main()
{
    FILE * fp1, * fp2;
    char temp[40];
    fp1 = fopen("a.txt","r");
    fp2 = fopen("b.txt","w");
    while(_____)
    {
        fgets(_____);
        fputs(temp,_____);
    }
    fclose(fp1);
    fclose(fp2);
    return 0;
}
```

2. 提高部分

(1) 编写程序,将一个文件的内容追加到另一个文件后面,并且在追加时把大写字母全部改为相应的小写字母。

(2) 设文件 stu1. txt 中存有一个班 20 名学生的信息,包括学号(从 1~20 编号)、姓名和总分,文件 stu2. txt 中存有这个班另外 20 名学生的信息。编写一个程序,交替地读取两个文件中的学生信息,并写入文件 stu. txt 中。

(3) 在一个文本文件中,/ * 和 * /之间的内容为注释,读取该文件,并输出到屏幕时,忽略注释内容。

(4) 编写一个程序,统计一个文本文件中的字母、数字、空格及其他字符的个数,要求按以下格式输出: alpha=XX,digit=XX,blank=XX,others=XX。

（5）编写一个程序，将二进制文件 stud. dat 中的数据，按成绩从高到低排序并输出。其中，文件中的数据包含的学生信息结构如下：

```
struct student{
    char id[11];
    char name[21];
    int score;
}
```

10.6　拓展阅读

全球首个 AI 程序员——Devin

2024 年 3 月 14 日，在我即将结束此书文件章节的编写时，我看到了一个来自中国新闻网让我震惊的标题——全球首位 AI 工程师诞生"码农"未来会消失？于是我果断地把这章的阅读拓展材料换成了全球首个 AI 程序员 Devin 的介绍。

据媒体报道，全球首个 AI 程序员 Devin 是由初创公司 Cognition AI 推出的，其最大突破在于大幅提升计算机推理和规划能力。据悉，Cognition AI 正式成立才不到 2 个月，仅有 10 名员工，却揽获了 10 块 IOI（国际信息学奥林匹克竞赛）金牌（图 10.3 给出了 CEO Scott Wu 在 IOI 的获奖情况），创始成员均曾在 Cursor、Scale AI、Lunchclub、Modal、Google DeepMind、Waymo、Nuro 等从事 AI 前沿工作。公司核心创始团队为 3 名华人：CEO Scott Wu，CTO Steven Hao，CPO Walden Yan，如图 10.4 所示。Hao 于 2018 年本科毕业于 MIT 计算机和数学专业，此前曾担任 Scale AI 的顶级工程师。Yan 在加入 Cognition AI 之前为哈佛大学本科大四在读生，就读计算机和经济专业，刚从哈佛大学退学。Wu 是一名连续创业者，也曾就读于哈佛大学。Scott Wu 曾称，自己从 9 岁开始学习编程，便爱上了将想法变成现实能力的编程，现在，这个梦想居然真的实现了。目前 Cognition AI 已获得硅谷投资大佬彼得 • 蒂尔的 Founders Fund 基金领投的 2100 万美元 A 轮融资。

图 10.3　Scott Wu 的 IOI 获奖情况

AI 软件工程师 Devin 的影响力，简直堪比 2023 年全网炸锅的智能体——AutoGPT。Devin 究竟有多强大？据了解，Devin 掌握全栈技能、自学新技术、构建和部署应用程序、自主查找并修复 Bug、训练和微调自己的 AI 模型等多项能力。在 SWE-bench 基准测试中，Devin 能够完整正确地处理 13.86% 的问题；而 GPT-4 只能处理 1.74% 的问题。目前，Devin 已经成功通过一家 AI 公司面试，并且在 Upwork 上完成了实际工作。下面来看一下开发者们

(a) 创始人兼首席技术官Steven Hao　(b) 创始人兼首席产品官Walden Yan　(c) 创始人兼首席执行官Scott Wu

图 10.4　Cognition AI核心团队成员

使用 Devin 解决的实际问题。

（1）学习如何使用陌生的技术。

当发给 Devin 一篇博文后，它会在几分钟内完成自主学习，从阅读文章，到运行代码，在写代码过程中，还会自我 debug。程序员 Sara 想要带有自己名字的桌面壁纸，Devin 立刻帮她生成了。

（2）构建和部署端到端的应用程序。

当想要玩一个游戏，交给 Devin 做就好了。Devin 首先会用工具 Shell，创建一个新的 react 应用程序，然后开始通过编辑器编写代码。代码完成后，它还会将应用自动部署到 Netlify，一个初步的"游戏"就做好了。这个过程中，Devin 还可以逐一根据用户请求，完成功能的添加。

（3）自行查找代码库错误，自行修复。

一个叫 Andrew 的开发者表示，自己维护了一个大型开源存储库，其中包含许多不同的算法，用于竞争性编程。不久前有朋友告诉他，其中一个实现中有 bug。Andrew 插入了一个快速修复，但并没有测试它，因为没能抽出时间来编写测试用例。于是检查和处理这个存储库的任务就交给了 Devin。Devin 只是看了一下测试应该是什么样，接口是什么样，就很轻易地就把测试写了出来。

（4）训练和微调 AI 模型。

Devin 能力也在一步一步进阶。它可以自己训练、微调模型，AI 训练 AI 成真了！给智能体 Devin 提供一个 GitHub 库的链接（比如 QLoRA——一种量化大模型的微调方法），给它的任务是微调 7B Llama 模型。Devin 的做法是：它克隆了 GitHub 库，了解如何使用 readme 运行，设置好所需 pip 的要求，查看所有的脚本语言，并开始运行。接下来，模型训练开始进行了……

（5）解决开源代码库中的错误和功能请求。

一位叫 Tony 的工程师，想一次运行一堆命令，并且希望在一个屏幕上跟踪它们的状态，于是他找到了一个名为 impro 的开源工具，希望执行这个操作。看起来虽然 impro 完成了任务，但状态太模糊了。根本看不出来究竟哪些命令失败了。Tony 根本不熟悉代码，于是他想到去求助 Devin。他清晰地看到，Devin 首先使用了 Shell Deon CLS 存储库，接着阅读了自述文件和编辑器，了解了子代码，返回 Shell，安装了所需要的依赖项。然后，Devin 就开始编码了！在这个过程中，它甚至打开了一些 R 文档来调试编译器错误。最后，Devin 完成了任务，并出具了一份自己做了哪些改进的总结报告。

（6）为成熟的生产存储库做贡献，修复系统错误。

一位叫 Neil 的开发者，分享了 Devin 帮自己改 bug 的示例。

他一直在用这个名为 Senpai 的存储库，它是一个用 Python 编写的代数系统。但 Neil 发现，取分数的对数时，会得到一个无穷大的 Zoo，这是绝对不可能的。于是，他试着让 Devin 来解决这个问题。

Devin 在存储库中复现了 Zoo 的问题后，随后，它找出了代码中正确的那部分，添加了 print 语句，以便找出问题原因。从图 10.5 中可以看到，原因就在于，整数除法会得到 0，就导致之前取了 0 的对数。因此，Devin 用 true 除法替代了整数除法。随后，它开始测试，确保没有其他问题。

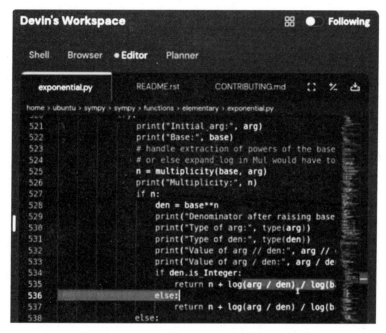

图 10.5　Devin 查找 Senpai 的存储库中的问题

（7）胜任自由职业平台 Upwork 的工作。

在 Upwork 上，开发者 You 给 Devin 挑选了一个用计算机视觉模型做推理的工作。先来看看这个任务的要求。

① 希望利用该资源库中的模型进行推断。

（https://github.com/mahdi65/roadDamageDetection2020）

② 交付成果将是关于如何在 AWS 的 EC2 实例中进行操作的详细说明。

③ 请提供完成这项工作的评估报告。不回复没有评估的报告。

在开发者 You 都不知如何开始做任务的情况下，Devin 收到请求后，先开始设置了存储库，运行中发现了版本控制问题，Devin 自主处理并更新了代码。然后，Devin 继续加载并导入软件包。它还从互联网上下载了图像，并运行模型。接下来，Devin 再次遇到了问题——关于打印调试，它自主修复了代码。最后，Devin 对数据结果进行抽样，并编写出一份报告。

（8）13.86% 正确率，Devin 碾压 GPT-4/Cluade 3。

SWE-bench 是一个要求 AI 智能体解决开源项目（如 Django 和 scikit-learn）中实际 GitHub 问题的测试。在评估中，Devin 能够完整地正确处理 13.86% 的问题，这一成绩大幅领先于之前技术水平的 1.96%。即便是在提供了具体需要修改的文件情况下，先前最优秀的模型也仅能处理 4.80% 的问题。

将 AI 培养成程序员，实际上是一个复杂的算法挑战，这需要 AI 系统能够做出复杂的决策，并能预见未来几步，从而选择正确的路径。Cognition AI 首款产品 Devin 的最大突破在于大大提升计算机推理和规划能力。它要求 AI 系统不仅要预测句子中的下一个词或代码行的下一个片段，还能像人类一样进行思考，获得解决最终问题最为合理的方法和路径。而行业共识也认为，AI 的推理和规划能力将是 AI 下一步产生最重要突破的最有可能的方向。Devin 在接收用户用自然语言提出的任务之后，不仅能够自主开始工作并完成任务，还会向用户报告其计划，并实时展示正在使用的命令和代码。如果用户发现过程中的问题，可以即时提供反馈。Devin 会在任务进行中立即调整。

Devin 最大的亮点在于，大多数现有的 AI 系统在处理这类长期任务时往往难以保持一致性和专注，但它能够在完成数百上千任务时始终不偏离目标。其他计算机科学家或者资深程序员在试用过 Devin 之后认为，它已经不仅仅是一个编程助手，简直是一个可以独立工作的员工。

Spotify 工程师表示：目前尚不清楚智能体会在几年内取代软件开发人员，但免费午餐已经不复存在。

从为期 8 周的训练营毕业，然后找到一份价值 20 万美元的工作，这样的日子已经一去不复返了。做好磨炼和深入学习的准备。熟练地引导人工智能取得好的结果可能才是未来程序员能体现出来的价值。

常见字符的 ASCII 值见表 A.1。

表 A.1　常见字符的 ASCII 值

ASCII 值	字符	ASCII 值	字符	ASCII 值	字符	ASCII 值	字符
0	NUL	32	(space)	64	@	96	`
1	SOH	33	!	65	A	97	a
2	STX	34	"	66	B	98	b
3	ETX	35	#	67	C	99	c
4	EOT	36	$	68	D	100	d
5	ENQ	37	%	69	E	101	e
6	ACK	38	&	70	F	102	f
7	BEL	39	`	71	G	103	g
8	BS	40	(	72	H	104	h
9	HT	41	)	73	I	105	i
10	LF	42	*	74	J	106	j
11	VT	43	+	75	K	107	k
12	FF	44	,	76	L	108	l
13	CR	45	—	77	M	109	m
14	SO	46	.	78	N	110	n
15	SI	47	/	79	O	111	o
16	DLE	48	0	80	P	112	p
17	DC1	49	1	81	Q	113	q
18	DC2	50	2	82	R	114	r
19	DC3	51	3	83	S	115	s
20	DC4	52	4	84	T	116	t
21	NAK	53	5	85	U	117	u
22	SYN	54	6	86	V	118	v
23	TB	55	7	87	W	119	w
24	CAN	56	8	88	X	120	x
25	EM	57	9	89	Y	121	y
26	SUB	58	:	90	Z	122	z
27	ESC	59	;	91	[	123	{
28	FS	60	<	92	\	124		
29	GS	61	=	93	]	125	}
30	RS	62	>	94	^	126	~
31	US	63	?	95	_	127	DEL

运算符及优先级一览表见表 B.1。

表 B.1　运算符及优先级一览表

优先级	运算符	名称或含义	使 用 形 式	结合方向	说　　明
1	[]	数组下标	数组名[常量表达式]	从左到右	
	()	圆括号	(表达式)/函数名(形参表)		
	.	成员选择(对象)	对象.成员名		
	->	成员选择(指针)	对象指针->成员名		
2	−	负号运算符	−常量	从右到左	单目运算符
	(type)	强制类型转换	(数据类型)表达式		
	++	自增运算符	++变量名		单目运算符
	−−	自减运算符	−−变量名		单目运算符
	*	取值运算符	*指针变量		单目运算符
	&	取地址运算符	&变量名		单目运算符
	!	逻辑非运算符	!表达式		单目运算符
	∼	按位取反运算符	∼表达式		单目运算符
	sizeof	长度运算符	sizeof(表达式)		
3	/	除	表达式/表达式	从左到右	双目运算符
	*	乘	表达式*表达式		双目运算符
	%	余数(取模)	整型表达式%整型表达式		双目运算符
4	+	加	表达式+表达式	从左到右	双目运算符
	−	减	表达式−表达式		双目运算符
5	<<	左移	变量<<表达式	从左到右	双目运算符
	>>	右移	变量>>表达式		双目运算符
6	>	大于	表达式>表达式	从左到右	双目运算符
	>=	大于或等于	表达式>=表达式		双目运算符
	<	小于	表达式<表达式		双目运算符
	<=	小于或等于	表达式<=表达式		双目运算符
7	==	等于	表达式==表达式	从左到右	双目运算符
	!=	不等于	表达式!=表达式		双目运算符
8	&	按位与	表达式&表达式	从左到右	双目运算符
9	^	按位异或	表达式^表达式	从左到右	双目运算符

续表

优先级	运算符	名称或含义	使 用 形 式	结合方向	说　明
10	|	按位或	表达式|表达式	从左到右	双目运算符
11	&&	逻辑与	表达式&&表达式	从左到右	双目运算符
12	||	逻辑或	表达式||表达式	从左到右	双目运算符
13	?:	条件运算符	表达式1?表达式2:表达式3	从右到左	三目运算符
14	=	赋值运算符	变量=表达式	从右到左	
	/=	除后赋值	变量/=表达式		
	*=	乘后赋值	变量*=表达式		
	%=	取模后赋值	变量%=表达式		
	+=	加后赋值	变量+=表达式		
	-=	减后赋值	变量-=表达式		
	<<=	左移后赋值	变量<<=表达式		
	>>=	右移后赋值	变量>>=表达式		
	&=	按位与后赋值	变量&=表达式		
	^=	按位异或后赋值	变量^=表达式		
	|=	按位或后赋值	变量|=表达式		
15	,	逗号运算符	表达式,表达式,…	从左到右	从左向右顺序运算

　　说明：运算符共分15个优先级，按序号1,2,…,15逐次递减,同一个优先级中的运算符按从左向右的顺序执行。

1. 基本要求

（1）熟悉 Visual C++ 集成开发环境。

（2）掌握结构化程序设计的方法，具有良好的程序设计风格。

（3）掌握程序设计中简单的数据结构和算法并能阅读简单的程序。

（4）在 Visual C++ 集成环境下，能够编写简单的 C 程序，并具有基本的纠错和调试程序的能力。

2. 考试内容

1）C 语言程序的结构

（1）程序的构成，main 函数和其他函数。

（2）头文件，数据说明，函数的开始和结束标志以及程序中的注释。

（3）源程序的书写格式。

（4）C 语言的风格。

2）数据类型及其运算

（1）C 的数据类型（基本类型、构造类型、指针类型、无值类型）及其定义方法。

（2）C 运算符的种类、运算优先级和结合性。

（3）不同类型数据间的转换与运算。

（4）C 表达式类型（赋值表达式、算术表达式、关系表达式、逻辑表达式、条件表达式、逗号表达式）和求值规则。

3. 基本语句

（1）表达式语句，空语句，复合语句。

（2）输入输出函数的调用，正确输入数据并正确设计输出格式。

4. 选择结构程序设计

（1）用 if 语句实现选择结构。

（2）用 switch 语句实现多分支选择结构。

（3）选择结构的嵌套。

5. 循环结构程序设计

（1）for 循环结构。

（2）while 和 do-while 循环结构。

（3）continue 语句和 break 语句。

（4）循环的嵌套。

6. 数组的定义和引用

（1）一维数组和二维数组的定义、初始化和数组元素的引用。

（2）字符串与字符数组。

7. 函数

（1）库函数的正确调用。

（2）函数的定义方法。

（3）函数的类型和返回值。

（4）形式参数与实际参数，参数值的传递。

（5）函数的正确调用、嵌套调用、递归调用。

（6）局部变量和全局变量。

（7）变量的存储类别（自动、静态、寄存器、外部），变量的作用域和生存期。

8. 编译预处理

（1）宏定义和调用（不带参数的宏，带参数的宏）。

（2）"文件包含"处理。

9. 指针

（1）地址与指针变量的概念，地址运算符与间址运算符。

（2）一维、二维数组和字符串的地址以及指向变量、数组、字符串、函数、结构体的指针变量的定义。通过指针引用以上各类型数据。

（3）用指针作函数参数。

（4）返回地址值的函数。

（5）指针数组，指向指针的指针。

10. 结构体（"结构"）与共同体（"联合"）

（1）用 typedef 说明一个新类型。

（2）结构体和共用体类型数据的定义和成员的引用。

（3）通过结构体构成链表，单向链表的建立，结点数据的输出、删除与插入。

11. 位运算

（1）位运算符的含义和使用。

（2）简单的位运算。

12. 文件操作

只要求缓冲文件系统（即高级磁盘 I/O 系统），对非标准缓冲文件系统（即低级磁盘 I/O 系统）不要求。

（1）文件类型指针（FILE 类型指针）。

（2）文件的打开与关闭（fopen，fclose）。

（3）文件的读写（fputc，fgetc，fputs，fgets，fread，fwrite，fprintf，fscanf 函数的应用），文件的定位（rewind，fseek 函数的应用）。

13. 考试方式

上机考试，考试时长 120 分钟，满分 100 分。

1）题型及分值

（1）单项选择题 40 分（含公共基础知识部分 10 分）

（2）操作题 60 分（包括程序填空题、程序修改题及程序设计题）。

2）考试环境

（1）操作系统：中文版 Windows 7。

（2）开发环境：Microsoft Visual C++ 2010 学习版。

1. ACM 国际大学生程序设计竞赛

ACM 国际大学生程序设计竞赛（ACM International Collegiate Programming Contest，ACM-ICPC）是最具影响力和知名度的大学生程序设计竞赛，也是计算机领域的顶级竞赛之一。ACM-ICPC 始于 1970 年，由美国计算机协会（Association for Computing Machinery，ACM）主办，旨在促进大学生在程序设计和算法方面的技能和创造力。ACM-ICPC 的比赛形式为团队赛制，每队由 3 名大学生组成，1 台电脑，5 个小时内解决若干道编程问题。比赛中，参赛队员需利用算法和数据结构等计算机科学知识，编写程序解决给定的问题。ACM-ICPC 赛事分为区域赛和总决赛两个阶段。区域赛分布在全球不同地区，包括亚洲、欧洲、美洲等，每个赛区的获胜队伍将有资格参加总决赛。总决赛通常每年举办一次，吸引来自全球各地的顶尖大学生程序设计团队角逐。ACM-ICPC 的比赛题目通常涉及各种算法和数据结构，如图论、动态规划、搜索、贪心算法等，题目难度从简单到复杂不等，考查参赛队员的编程能力和解决问题的能力。ACM-ICPC 作为全球顶级程序设计竞赛，对于参赛选手和参赛院校都具有重要意义。获得 ACM-ICPC 奖项的团队和选手通常能够受到国际计算机界的认可和赞赏，对于未来的学术和职业发展具有积极的影响。总的来说，ACM-ICPC 是一个极具挑战性和激动人心的国际性程序设计竞赛，吸引着全球各地顶尖大学生程序设计团队的参与，也是展示学生编程能力和解决问题能力的舞台。

2. 中国大学生程序设计竞赛

中国大学生程序设计竞赛（China Collegiate Programming Contest，CCPC）是中国规模最大、影响力最深的大学生程序设计竞赛，是中国区域赛事的重要组成部分。CCPC 是由中国计算机学会主办的面向大学生的年度学科竞赛，旨在激发大学生学习计算机领域专业知识与技能的兴趣，提升大学生的算法设计和编程能力，鼓励大学生运用计算机知识和技能解决实际问题。首届 CCPC 于 2015 年 10 月在南阳理工学院举办，共有来自 136 所大学的 245 支队伍参赛。CCPC 的比赛形式与 ACM-ICPC 类似，采用团队赛制，每队由 3 名大学生组成，使用 1 台电脑，在规定时间内解决若干道编程问题。CCPC 的比赛通常分为区域赛和总决赛两个阶段。区域赛分布在中国各地不同的赛区，包括华北、华东、华南、西南等，每个赛区的获胜队伍将有资格参加总决赛。CCPC 的比赛题目涉及各种算法和数据结构，包括但不限于图论、动态规划、搜索、贪心算法等，题目难度从简单到复杂不等，考查参赛队员的编程能力和解决问题的能力。获得 CCPC 奖项的团队和选手通常能够受到国内计算机界的认可和赞赏，对于未来的学术和职业发展具有积极的影响。同时，CCPC 也为中国大学生提供了一个展示自己编程能力和解决问题能力的舞台。总的来说，CCPC 作为中国大学生程序设计竞赛的重要赛事，为广大大学生提供了一个学习、交流和竞技的平台，推动了中国大学生程序设计水平的提高和发展。

3. 蓝桥杯全国软件和信息技术专业人才大赛

蓝桥杯全国软件和信息技术专业人才大赛（以下简称蓝桥杯）是由中国工业和信息化部人才交流中心、教育部就业指导中心联合举办的面向大学生的一项全国性计算机科学大赛，旨在培养和选拔优秀的计算机人才,推动我国软件和信息技术产业的发展。自 2004 年起每年举办一次。蓝桥杯竞赛通常分为个人赛和团体赛两个阶段。个人赛主要考查参赛选手的编程能力和算法设计能力,而团体赛则注重团队协作和项目实践能力。比赛分为研究生组、大学 A 组、大学 B 组、大学 C 组 4 个组别,研究生只能报研究生组,985、211 高校本科生只能报大学 A 组及以上组别,其他本科院校本科生可报大学 B 组及以上组别,高职高专院校可自行选择报任意组别。比赛科目包括 C/C++ 程序设计、Java 程序设计、Python 程序设计、网络技术等多个方向,竞赛题目通常以实际的软件开发或问题解决为背景,要求参赛选手在 4 小时内完成特定任务或项目,包括但不限于算法设计、程序开发、系统设计等方面。答题形式为闭卷,不能携带资料。比赛分为两个阶段:初赛和决赛。初赛一般是线上笔试形式,涉及算法与程序设计题目;而决赛则是线下实验室考试,更注重对学生综合能力的考查,包括实际编程能力、问题解决能力和团队合作精神等。蓝桥杯竞赛是中国高校软件和信息技术领域的知名竞赛,获得蓝桥杯奖项的选手和团队通常能够受到国内 IT 行业的认可和赞赏,对于未来的学术和职业发展具有积极的影响。同时,蓝桥杯也为学生提供了一个展示自己编程能力和项目实践能力的舞台。

4. 企业相关竞赛

(1) 华为软件精英挑战赛:由华为公司主办的面向大学生的软件设计与开发竞赛,旨在挖掘和培养优秀的软件开发人才。比赛内容涵盖软件设计、开发、测试等多个环节,参赛者需要完成指定的软件项目并提交。

(2) Google Code Jam:由 Google 主办的全球性程序设计竞赛,旨在挑战参赛者解决各种算法和数据结构问题的能力。比赛采用在线形式进行,有多个阶段和不同难度的题目。

(3) Facebook Hacker Cup:Facebook 举办的一年一度的全球性程序设计竞赛,旨在寻找全球顶尖的编程人才。比赛分为在线预赛和线下决赛两个阶段,涉及算法、数据结构等多个领域的题目。

(4) Topcoder Open:Topcoder 举办的全球性程序设计竞赛,包括算法竞赛、开发竞赛和 UI 设计竞赛等多个类别。竞赛形式多样,参赛者可以根据自己的兴趣选择参加不同类别的比赛。

(5) 百度之星程序设计大赛:由百度公司主办的程序设计竞赛,旨在挖掘和培养优秀的程序设计人才。比赛内容涵盖算法、数据结构、人工智能等多领域。

参考文献

［1］ 唐文静,谭业武.C 语言程序设计实用教程［M］.北京：电子工业出版社,2015.

［2］ 张小峰,刘慧,张学辉,等.程序设计基础(微课版·题库版·在线测试版)［M］.北京：清华大学出版社,2022.

［3］ 苏庆堂,胡凤珠.程序设计基础实验教程［M］.2 版.北京：高等教育出版社,2015.

［4］ 马鸣远.程序设计与 C 语言学习指导［M］.西安：西安电子科技大学出版社,2007.

［5］ 苏小红,孙志岗,陈惠鹏,等.C 语言大学实用教程［M］.4 版.北京：电子工业出版社,2017.

［6］ 何钦铭,颜晖.C 语言程序设计［M］.4 版.北京：高等教育出版社,2020.

［7］ 谭浩强.C 程序设计［M］.5 版.北京：清华大学出版社,2017.

［8］ 周娟,吴永辉.程序设计实践入门：大学程序设计课程与竞赛训练教材［M］.北京：机械工业出版社,2021.

［9］ 张小峰,孙玉娟,李凌云,等.计算机科学技术导论［M］.2 版.北京：清华大学出版社,2019.

［10］ 何钦铭,乔林,徐镜春,等.C 语言程序设计经典实验案例集［M］.北京：高等教育出版社,2012.

图 书 资 源 支 持

感谢您一直以来对清华版图书的支持和爱护。为了配合本书的使用,本书提供配套的资源,有需求的读者请扫描下方的"书圈"微信公众号二维码,在图书专区下载,也可以拨打电话或发送电子邮件咨询。

如果您在使用本书的过程中遇到了什么问题,或者有相关图书出版计划,也请您发邮件告诉我们,以便我们更好地为您服务。

我们的联系方式:

清华大学出版社计算机与信息分社网站:https://www.shuimushuhui.com/

地　　址:北京市海淀区双清路学研大厦 A 座 714

邮　　编:100084

电　　话:010-83470236　010-83470237

客服邮箱:2301891038@qq.com

QQ:2301891038(请写明您的单位和姓名)

资源下载:关注公众号"书圈"下载配套资源。

资源下载、样书申请

书 圈

图书案例

清华计算机学堂

观看课程直播